La conexión
entre el nervio vago
y el sistema inmunitario

J. P. Errico

La conexión entre el nervio vago y el sistema inmunitario

Aprovecha tu nervio vago para controlar
el estrés, prevenir la desregulación inmunitaria
y evitar enfermedades crónicas

EDICIONES OBELISCO

Si este libro le ha interesado y desea que le mantengamos informado
de nuestras publicaciones, escríbanos indicándonos qué temas son de su interés (Astrología, Autoayuda,
Ciencias Ocultas, Artes Marciales, Naturismo, Espiritualidad, Tradición…)
y gustosamente le complaceremos.

Puede consultar nuestro catálogo en www.edicionesobelisco.com

Colección Salud y Vida natural
LA CONEXIÓN ENTRE EL NERVIO VAGO Y EL SISTEMA INMUNITARIO
J. P. Errico

1.ª edición: octubre de 2025

Título original:
The Vagus-Immune Connection

Traducción: *Wenke Brauns*
Corrección: *Ana Ticó*
Diseño de cubierta: *Enrique Iborra*

© 2024, J. P. Errico. Edición publicado por acuerdo con Ulysses Press,
a través de International Editors & Yáñez Co' S.L.
(Reservados todos los derechos)
© 2025, Ediciones Obelisco, S. L.
(Reservados los derechos para la presente edición)

Edita: Ediciones Obelisco, S. L.
Collita, 23-25. Pol. Ind. Molí de la Bastida
08191 Rubí - Barcelona - España
Tel. 93 309 85 25 - Fax 93 309 85 23
E-mail: info@edicionesobelisco.com

ISBN: 978-84-1172-332-9
DL B 16192-2025

Impreso en España en los talleres gráficos de Romanyà/Valls S. A.
Verdaguer, 1 - 08786 Capellades (Barcelona)

Printed in Spain

PRÓLOGO

Ali Rezai me miró y me dijo de improviso: «Si cortar un nervio proporciona un beneficio clínico, estimularlo podría proporcionar el mismo beneficio, pero sin destruirlo permanentemente». Veinticinco años después, las palabras de Rezai, neurocirujano funcional de fama mundial, aún resuenan en mi mente. De hecho, ese comentario y sus profundas consecuencias han definido las dos últimas décadas de mi carrera. En las páginas que siguen, espero compartir parte de lo que he aprendido y, de paso, enseñarte a ser una persona más feliz, sana e inteligente, con una vida más larga y productiva.

En 1995, mi tío Thomas Errico, también un cirujano de renombre mundial, me reclutó para que le ayudara a desarrollar nuevos implantes espinales. Entre los dos cofundamos una serie de compañías exitosas. Tres años después de nuestra primera aventura, me presentó a Ali. A finales de la década de 1990, aunque todavía tenía treinta años, estaba realizando procedimientos de estimulación cerebral profunda para tratar la enfermedad de Parkinson. Lo que vi durante estos casos fue sobrecogedor. Sus pacientes llegaban a la operación temblando de forma incontrolable. El procedimiento comenzaba taladrando tornillos en sus cráneos para inmovilizar sus cabezas dentro de un marco metálico. Incluso con el cráneo inmovilizado, sus brazos y manos temblaban sin cesar. Los pacientes permanecían despiertos mientras se les introducían en el cerebro pequeños cables eléctricos. Durante horas, Ali y su equipo movían suavemente el electrodo en varias posiciones, tratando de encontrar el punto mágico. Cuando Ali y su equipo lo encontraban, como si fuera un desfibrilador cerebral, las pequeñas descargas de electricidad detenían por completo los temblores. En un instante, los pacientes que habían estado encerrados en el tormento se liberaban de repente. Era lo más parecido a la magia que había presenciado en medicina y, a día de hoy, los efectos de la neuromodulación suelen asombrar por su rapidez, eficacia, efecto a largo plazo y seguridad casi total.

Ali estaba emocionado de conocerme porque se le había ocurrido un nuevo enfoque para tratar la hiperhidrosis palmar (palmas excesivamente sudorosas), que puede ser debilitante cuando es grave, y quería trabajar conmigo para presentar patentes para la idea. La hiperhidrosis palmar implica un desequilibrio en el sistema nervioso autónomo (SNA) que controla las glándulas sudoríparas de las manos.

El SNA es la parte de tu cuerpo que controla las cosas sin que tú lo decidas conscientemente. Tiene dos ramas o subsistemas, el simpático y el parasimpático. Más concretamente, el sistema simpático controla los procesos de lucha, huida y congelación, también conocidos como «respuestas al estrés». Por su parte, el sistema parasimpático impulsa los procesos de descanso, digestión, relajación y restauración. Los nervios de cada lado suelen encontrarse en estructuras llamadas ganglios, nodos o plexos, donde trabajan juntos para regular, entre otras obviedades, el ritmo cardíaco, la digestión, la dilatación de las pupilas y la función renal. Funciones como la respiración, el parpadeo, la deglución y la eliminación de desechos también están bajo el control, al menos parcial, del SNA.

Por sorprendente que pueda parecer, el SNA también ejerce una gran influencia sobre el sistema inmunitario, el metabolismo celular, la fertilidad e incluso el ritmo al que envejecemos, lo inteligentes que somos y si nuestros hijos van a padecer o no enfermedades que van desde el asma infantil hasta el aumento de peso en la mediana edad, pasando por la demencia en la vejez.

En resumen, Ali sabía que la hiperhidrosis palmar se produce cuando los nervios simpáticos están demasiado activos. Los medicamentos que bloquean la actividad del sistema simpático pueden tratar la enfermedad pero, si no funcionan, se puede recurrir a los neurocirujanos para que eliminen o destruyan los nervios simpáticos. A Ali le preocupaba, y con razón, que la destrucción de estos nervios pudiera alterar el funcionamiento de los órganos. Su solución, de acuerdo con su consejo, fue estimular el nervio para obtener el mismo efecto sin interrumpir el resto de los mensajes del sistema simpático.

Para entonces, ya estaba enganchado a la neuromodulación. Así que, en 2004, poco después de vender una de las empresas especializadas en el sector de la columna vertebral de la que había sido director general, mis socios y yo nos lanzamos al mercado con una ligera sensación de entusiasmo. Por supuesto, nuestra nueva empresa necesitaba una idea novedosa. Con poco más que el consejo de Ali, un sábado por la tarde me senté en el despacho de mi casa y busqué en Yahoo «nervio cortado» para encontrar un ejemplo de beneficio clínico.

Como primer ejemplo, encontré un informe de 1969 en el que los investigadores estudiaban el papel del nervio vago en la reacción a la anafilaxia en conejos.[1] Separaron a los animales sensibilizados en dos grupos: 1. controles que fueron expuestos a huevos, experimentaron reacciones anafilácticas y murieron; y 2. animales de prueba a los que se les había cortado el nervio vago (el nervio vago es el componente principal de la rama parasimpática del SNA) antes de la exposición a los huevos. Estos animales experimentaron una reacción mucho más leve al alérgeno y sobrevivieron. Unos años más tarde (a principios de la década de 1970) se realizaron estudios similares en EE. UU. e Inglaterra, pero tampoco tuvieron seguimiento. Parecía una gran oportunidad para reiniciar una línea de investigación muy interesante y, por supuesto, yo estaba ansioso por averiguar si la estimulación nerviosa podía producir los mismos beneficios para salvar vidas.

Ahora bien, para ser sinceros, la estimulación eléctrica del nervio vago era una tecnología que ya se había desarrollado y, de hecho, existían dispositivos implantados para el tratamiento de la epilepsia. La idea original se remonta incluso a la década de 1880, cuando se patentó por primera vez la idea de J. L. Corning de un compresor eléctrico de las arterias carótidas. Aunque tardó un siglo, pero Cyberonics recibió la aprobación de la Administración de Alimentos y Medicamentos (FDA) en Europa para su estimulador implantado del nervio vago en 1994.

---

1. W. Karczewski y J. G. Widdicombe, «The Role of the Vagus Nerves in the Respiratory and Circulatory Reactions to Anaphylaxis in Rabbits», *The Journal of Physiology*, vol. 201, n.º 2 (1969): 293-304. https://doi.org/10.1113/jphysiol.1969. sp008756

Con la simple hipótesis de que la estimulación del nervio vago (VNS) podía tratar la anafilaxia, el primer equipo de nuestra pequeña empresa se trasladó a la Universidad de Columbia a principios de 2006. Allí realizamos una serie de experimentos y acabamos demostrando que la VNS podía evitar la muerte por anafilaxia. Los investigadores con los que colaborábamos estaban especialmente fascinados por los efectos en los pulmones. Parte de la reacción letal de la anafilaxia puede ser la inflamación del tejido pulmonar (edema) y la broncoconstricción (contracción del músculo liso que recubre las vías respiratorias). Los investigadores informaron de que estos síntomas se atenuaron o no se presentaron en absoluto en los animales tratados con nuestra aplicación de la VNS. La continuación lógica fue pasar a estudiar el asma, que presenta ambos síntomas.

De los estudios realizados en animales se pasó a los estudios clínicos en seres humanos asmáticos a los que no les habían funcionado los broncodilatadores autoadministrados, que habían acudido al servicio de urgencias y que seguían sin superar el tratamiento con medicamentos nebulizados. Estos primeros estudios tuvieron que realizarse en un hospital porque, en 2008, nuestro tratamiento se administraba mediante la inserción de un electrodo en el cuello y no sabíamos con certeza cuánto tiempo había que administrar la terapia ni si los síntomas reaparecerían una vez desconectada (si es que funcionaba). No hace falta decir que no era fácil animar a los pacientes (o a los médicos) a considerar la posibilidad de pinchar con una aguja en el cuello de un paciente que sufría un ataque de asma, pero durante casi dos años reclutamos a más de dos docenas de pacientes y los resultados fueron muy positivos. Lo más interesante es que los pacientes informaron de un alivio casi inmediato de sus síntomas más difíciles.

A pesar de las ventajas, sabíamos que teníamos que encontrar una forma mejor que un pinchazo de aguja en el cuello. Uno de mis mejores amigos, un brillante físico llamado Bruce Simon (también licenciado por el Instituto Tecnológico de Massachusetts, pero en 1970), salvó la situación. Había empezado a jugar con una máquina de pruebas de velocidad de conducción nerviosa fabricada por una empresa escandinava llamada MagVenture. Era una máquina muy tosca que costaba 80.000 dólares y necesitaba un carro con ruedas para moverse. También requería una gran cantidad de reprogramación para hacer lo que queríamos que hiciera, que era estimular el nervio vago a 25 hercios. Pero lo más importante era que podía enviar la señal a través de la piel. Por mucho que estuviéramos convencidos de que el dispositivo modificado podría tratar el asma del mismo modo que el electrodo insertado percutáneamente (literalmente, «a través de la piel»), necesitábamos probarlo antes para estar seguros.

La suerte quiso que uno de nuestros colegas ingenieros, un hombre brillante e increíblemente divertido llamado Jon Gardiner, fuera asmático. Jon odiaba tomar broncodilatadores porque le ponían nervioso. Un día, a última hora de la mañana, Jon estaba sufriendo un ataque de asma y aprovechó la oportunidad para probar el artilugio que Bruce había programado para enviar nuestra señal. En retrospectiva, probablemente fue una locura, pero aquel día teníamos a una anestesista en la consulta y accedió a monitorizarlo mientras se autotrataba. A día de hoy, siento que asistí a un gran momento de la historia de la ciencia médica.

Cuando Jon se puso al cuello la gran paleta que contenía las bobinas magnéticas, empezó a describir la sensación de tener corrientes eléctricas inducidas por la máquina, primero en el oído, luego en la mandíbula e incluso en los dientes. De repente, los ojos de Jon se abrieron de par en par y pareció sobresaltado. Exclamó: «¡Se ha ido! ¡El ataque ha desaparecido! Y…», añadió, mientras empezaba a respirar con dificultad, «normalmente puedo desencadenar un ataque… pero no puedo. Ha desaparecido por completo».

Al saber que era posible un enfoque no invasivo de la VNS, nos pusimos manos a la obra para encontrar una forma de optimizar un dispositivo de administración. En el plazo de un año, Bruce, Jon y varios de nuestros colegas habían contribuido a la creación de varios dispositivos posibles. Unos meses más tarde, un pequeño estudio realizado en Sudáfrica confirmó lo que Jon había experimentado por primera vez.[2] A finales de 2011, habíamos dado con una solución segura, fácil

---

2. Elmin Steyn, Mohamed Zunaid, y Carla Husselman, «Noninvasive Vagus Nerve Stimulation for the Treatment of Acute Asthma Exacerbations–Results from an Initial Case Series», *International Journal of Emergency Medicine,* vol. 6, n.º 1 (2013): 1-3. https://doi.org/10.1186/1865-1380-6-7

de usar y rentable para fabricar un dispositivo no invasivo. La llamamos gammaCore.

Como era de esperar, cuando la terapia era percutánea, ninguno de nuestros colegas, inversores, familiares y amigos se había ofrecido a probarla. (Para ser justos, yo tampoco). Sin embargo, una vez que fue no invasiva y Jon rompió el hielo, todos quisimos probarla. En cuestión de pocas semanas, se habían administrado cientos de estimulaciones no invasivas a varias docenas de personas. Los resultados de estas experiencias aleatorias fueron siempre alentadores, pero también sorprendentes por la amplitud de los beneficios comunicados. Por ejemplo, los usuarios con congestión alérgica u otras obstrucciones nasales declararon una rápida apertura de las vías respiratorias superiores. Un voluntario incluso preguntó si el dispositivo «arreglaba un tabique desviado», porque no había respirado por ambas fosas nasales al mismo tiempo en cinco años, es decir, hasta que usó nuestro dispositivo de VNS no invasivo (nVNS por sus siglas en inglés).

Otras usuarias afirmaron que se aliviaban los síntomas de la perimenopausia, incluidos los sofocos y leves episodios transitorios de depresión. Sin embargo, uno de los informes más frecuentes y reiterados fue que los dolores de cabeza presentes en el momento de la estimulación parecían evaporarse en cuestión de minutos tras el tratamiento.

Cuando empezaron a acumularse los comentarios sobre la desaparición del dolor de cabeza, cogí el teléfono y llamé a varios de los especialistas en cefaleas más respetados y con más publicaciones del mundo. Para mi sorpresa y gran agradecimiento, me contestaron. Les conté que habíamos desarrollado un estimulador del nervio vago para tratar los ataques de asma y que nos sorprendió descubrir que la terapia aliviaba con éxito los dolores de cabeza. Los especialistas en cefaleas contaron que el asma y las migrañas solían aparecer en los mismos pacientes; es decir, que eran comorbilidades comunes, lo que significa que las personas que padecen una de ellas tienen una probabilidad significativamente mayor de lo normal de padecer la otra.

De hecho, los especialistas no se sorprendieron de los efectos que estábamos observando, y nos explicaron que ya se habían realizado pequeños estudios piloto con dispositivos VNS implantados para tratar cefaleas graves. No obstante, lamentaron que los dispositivos VNS implantados costaran decenas de miles de dólares, lo que los convertía en un tratamiento inviable para las cefaleas más allá de los estudios piloto. Ésa fue mi oportunidad para decirles que el dispositivo que habíamos desarrollado no era invasivo y que se ofrecería por mucho menos que decenas de miles de dólares. Era portátil y los pacientes podían autoadministrarse la terapia a demanda, según sus necesidades, tan fácilmente como tomar una pastilla, e incluso más fácilmente que autoadministrarse una inyección. Todos quedaron impresionados y muchos de ellos empezaron a trabajar con nuestro producto. Nos ayudaron enormemente a conseguir las autorizaciones de la FDA para el tratamiento y la prevención de la migraña, la cefalea aguda y otros trastornos graves de la cabeza.

Sin embargo, a medida que avanzábamos en los estudios sobre las cefaleas, volví a preguntarme cómo era posible que una terapia desarrollada para la epilepsia, y que posteriormente también había recibido la aprobación para tratar la depresión, ahora también sirviera para tratar el asma y las cefaleas en nuestros estudios. A medida que fui leyendo más, descubrí otros beneficios atribuidos a la VNS, en afecciones que iban desde la fibromialgia y la artritis reumatoide hasta la ansiedad y la enfermedad de Alzheimer. Asimismo, en nuestros propios estudios, observamos beneficios colaterales, como la reducción de la presión arterial en pacientes hipertensos y la normalización de la glucosa en los diabéticos de tipo 2.

A pesar de lo emocionante que era, me preocupaba. Las afirmaciones de que una terapia hace demasiado suelen ser recibidas con escepticismo. Por supuesto, el argumento alternativo sería que la terapia hace algo extraordinariamente importante. Dispuestos a encontrar cualquiera de las dos respuestas, nos pusimos a intentar averiguar qué hacía realmente la estimulación del nervio vago. Tener un método no invasivo hizo que ese proceso fuera mucho más fácil de lo que hubiera sido si sólo tuviéramos los resultados del uso de dispositivos implantados.

Como quedará patente en los capítulos siguientes, no somos el único grupo que ha estudiado los sorprendentes beneficios de la VNS. De hecho, otro grupo que comenzó su trabajo sólo unos años antes que nosotros, en 2000, había estado trabajando a menos de cincuenta millas de nosotros, en Long Island, Nueva York. Su grupo, dirigido por un neurocirujano llamado Kevin Tracey, había descifrado una vía increíblemente importante que mostraba cómo el SNA influía en el sistema inmunitario a través del bazo. A esta vía mediada por el bazo la denominó reflejo inmunitario, y sus colegas demostraron cómo la liberación de acetilcolina activaba un receptor (el receptor nicotínico de acetilcolina alfa-7, abreviado α7 nAChR) en determinadas células inmunitarias, especialmente los macrófagos, o células especializadas que destruyen los patógenos.

Muchos otros han seguido los pasos de Tracey, descubriendo vías antiinflamatorias en otros órganos, incluyendo el tracto digestivo, los riñones y el cerebro. En todos los casos, las vías se reducen al hecho de que la estimulación del nervio vago motiva la liberación de acetilcolina, que actúa sobre los nAChR α7.

Durante años he querido escribir un libro que describiera los efectos de la VNS y cómo puede afectar a los trastornos autoinmunes, la disfunción metabólica, las enfermedades neurodegenerativas, los trastornos del estado de ánimo y el dolor. Sin embargo, considero una suerte haber esperado hasta ahora, porque trabajos recientes me han permitido ampliar la historia para incluir el prometedor papel de la VNS en la prevención de afecciones del neurodesarrollo, la optimización del desarrollo cerebral, el apoyo a una función mitocondrial saludable e incluso la prolongación de la vida de una persona. Mi deseo más profundo es que lleguen a ver el hermoso patrón que une todas estas áreas principales de interés y vislumbren la lógica de la vida compleja vista desde la perspectiva de los macrófagos, las mitocondrias y el sistema nervioso autónomo.

Como nota final, para poder contar esta historia en el espacio que me han asignado los editores, he tenido que hacer algunos sacrificios. Existen aplicaciones de la VNS que van más allá de las muchas que se comentan aquí. Para más información, recomiendo leer el libro *Activate Your Vagus Nerve* (traducido al español con *Activar el nervio vago*[3]) y *Upgrade Your Vagus Nerve*, ambos del Dr. Navaz Habib.

---

3. Referencia bibliográfica de la traducción: Habib, N. (2022). *Activar el nervio vago*. Sirio.

CAPÍTULO 1

BIOLOGÍA CELULAR
EN POCAS PALABRAS

Para entender cómo el sistema nervioso autónomo (SNA), el sistema inmunitario (principalmente los macrófagos) y las mitocondrias trabajan juntos para incidir en el dolor, el estado de ánimo, la función cognitiva, el metabolismo, la reproducción e incluso la longevidad, tenemos que ahondar en las funciones celulares e incluso en algunas interacciones moleculares. Esto no siempre es fácil para los lectores ocasionales, pero voy a haceros el siguiente trato: si hacéis todo lo posible por manteneros intrépidos ante este planteamiento riguroso, haré todo lo posible por presentar estos hechos científicos de la forma más sencilla y directa posible. Además, siempre que sea posible, refrescaré conceptos clave a lo largo del camino, según sea necesario. Sin embargo, para algunos es mejor empezar por explicarlos desde el principio. Por favor, lee este capítulo y, si es necesario, vuelve a él para refrescar tu comprensión cuando los conceptos aparezcan más adelante en el texto.

EL LENGUAJE DE LA VIDA

Las estimaciones sobre el número de tipos celulares del cuerpo humano oscilan entre un mínimo de 150 a 200 y un máximo de más de 400. Hay más de mil tipos de células que el ser humano no tiene, desde las que producen plumas y escamas hasta las que producen veneno o caparazones. Por supuesto, la diferencia entre una célula nerviosa en un ser humano y una célula nerviosa en un nematodo, conocido como gusano redondo, es muy grande, por lo que, si consideramos las diferentes bioquímicas de las células, su número es efectivamente infinito.

Sin embargo, en casi todas estas células, la bioquímica y la función están definidas en gran medida por un material hereditario formado por largas cadenas de una molécula compleja, el ácido desoxirribonucleico, abreviado como ADN.

De hecho, la división más fundamental entre estos tipos de células, que separa a las diminutas bacterias, conocidas como procariotas, de las células relativamente masivas de los animales multicelulares, conocidas como eucariotas, es el modo en que se mantiene ese material genético. En el caso de las procariotas, pequeños bucles de ADN flotan abiertamente en el interior de la célula. En las eucariotas, el ADN es mucho más complejo y se mantiene en el interior de un núcleo como una estructura fuertemente envuelta y altamente organizada.

El ADN está formado por un par de largas moléculas de azúcar polimerizado (ribosa), cada una de ellas conectada a uno de los cuatro compuestos orgánicos planares denominados bases nucleotídicas. La estructura del ADN suele compararse con una escalera retorcida, en la que las moléculas de azúcar polimerizado forman los postes retorcidos y las bases nucleotídicas forman los peldaños acoplándose a través del espacio entre los postes.

Es decir, los nucleótidos de un poste se alinean con los nucleótidos del otro. Cada poste gira en espiral alrededor del otro, dando al ADN la apariencia de doble hélice por la que es famoso.

A pesar de su belleza y su capacidad para codificar patrones secretos de la vida, el código genético es relativamente sencillo. Sólo hay cuatro bases nucleotídicas: adenina (A), guanina (G), citosina (C) y timina (T). Más sencillo aún, en la estructura de doble hélice, la adenina sólo se acopla con la timina (A-T) y la guanina sólo se acopla con la citosina (G-C). Además, sólo un lado de la doble hélice de ADN contiene realmente el código (por ejemplo, un gen), mientras que el otro lado proporciona estabilidad.

Por lo general, la sección codificada consiste en «palabras de 3 letras» formadas por tripletes de pares de bases. Las partes codificadas son patrones para generar distintos tipos de moléculas útiles, incluidas las proteínas.

El proceso de convertir una sección de ADN en una molécula útil, como una proteína, comienza con un primer proceso de copia en el que interviene una proteína especializada llamada ácido ribonucleico (ARN) polimerasa, que lee el lado codificado de la doble hélice y genera una cadena de nucleótidos que refleja la sección codificada. Esta nueva cadena está formada por ARN. El ARN tiene un esqueleto de azúcar similar (ribosa) pero una ligera diferencia química que suele inhibir la formación de una doble hélice.

Estas cadenas de ARN suelen modificarse tanto en el núcleo como fuera de él (una vez transportadas allí por proteínas chaperonas especiales). Tras este proceso, una clase de ARN, denominado ARN mensajero (o ARNm) es transportado a unas estructuras llamadas ribosomas, a menudo situadas dentro de la membrana de otro orgánulo llamado retículo endoplásmico (RE). Los ribosomas son grandes estructuras construidas a partir de varias proteínas y ARN especiales (denominados ARN ribosómicos o ARNr). Al igual que la ARN polimerasa lee el ADN para producir cadenas de ARN, los ribosomas leen el ARNm y producen cadenas de aminoácidos (también denominados péptidos). Estas cadenas de aminoácidos se enrollan sobre sí mismas de formas únicas para producir proteínas.

Para ser más concretos, como hay cuatro bases posibles y tres letras por palabra, hay diferentes palabras posibles. Algunas de las palabras significan «inicio» y «fin», pero el resto corresponden a aminoácidos específicos.

Todas las formas de vida de la Tierra utilizan el mismo lenguaje de codificación y las mismas palabras se refieren a los mismos aminoácidos para construir proteínas. Sólo hay veinte de estos aminoácidos, por lo que algunas palabras tienen sinónimos. Hay una excepción muy interesante a esta regla, que se analizará en el contexto de las mitocondrias y el metabolismo celular.

Aun así, el lenguaje ubicuo de la vida es un recordatorio notable de lo similares que son todas las especies, desde las bacterias hasta las ballenas azules.

LA DIVISIÓN CELULAR

Para entender mejor los orígenes y la diversidad de la vida, los científicos suelen centrarse en las diferencias, dividiendo el mundo en categorías cada vez más pequeñas y homogéneas. La máxima división de las células es en procariotas y eucariotas (las más complicadas, con núcleo, mucho más ADN y orgánulos). Los prefijos *pro-* y *eu-* significan «antes» y «verdadero», respectivamente, y el término cariotipo se refiere al núcleo y al empaquetamiento del ADN en él. Resulta que las eucariotas tienen muchas estructuras de orgánulos que las procariotas no tienen. En cambio, las procariotas son muy sencillas y siguen existiendo tal y como eran antes de la evolución de los orgánulos.

Otras diferencias importantes entre las células procariotas y eucariotas están relacionadas con sus membranas externas (y en el caso de las eucariotas, con las membranas que rodean sus orgánulos). Las diferencias en los tipos de ácidos grasos utilizados por las procariotas frente a las eucariotas permiten a estas últimas reconocer patógenos potencialmente peligrosos. Más concretamente, las proteínas especializadas, exquisitamente sintonizadas para reconocer y reaccionar ante los ácidos grasos de las membranas procariotas (como el lipopolisacárido, o LPS), pueden provocar fuertes respuestas inflamatorias.

Estas proteínas están especialmente diseñadas para permanecer estables en las membranas externas de las células. Algunas de ellas cambian de forma cuando entran en contacto con patrones moleculares específicos. Este cambio de forma permite que algo fuera de la célula altere algo dentro de ella, de modo que la célula puede percibir algo y reaccionar ante ello sin tener que incorporarlo. Un ejemplo de ello suelen ser los llamados receptores. En otros casos, la proteína que reside en la membrana puede abrir y cerrar orificios en ésta en respuesta a una activación. Estas proteínas se denominan canales y pueden utilizarse para ayudar a la célula a captar o liberar cantidades controlables de moléculas que van desde grandes proteínas a diminutas versiones cargadas de átomos, denominadas iones. Algunos de estos canales iónicos pueden abrirse y cerrarse mediante interacciones químicas, por lo que actúan a la vez como receptores y como canales. En otros casos, los canales iónicos pueden abrirse y cerrarse únicamente en función de las diferencias de carga en la membrana. Se conocen como canales iónicos dependientes de voltaje y uno de ellos, en particular, es el receptor nicotínico de acetilcolina alfa-7, o a7-nAChR, que desempeña un papel fundamental en las comunicaciones y controles del sistema inmunitario por parte del sistema nervioso autónomo.

SEÑALIZACIÓN CELULAR QUÍMICA Y ELÉCTRICA

Mientras que las procariotas pueden agruparse en colonias e incluso alterar su comportamiento en respuesta a su posición dentro de la colonia y al tamaño de ésta, las eucariotas, más complejas y evolucionadas, son capaces de formar organismos multicelulares dotados de una diferenciación de funciones mucho mayor. Los organismos pluricelulares tienen células especializadas que han evolucionado para liberar y percibir las sustancias químicas que liberan entre sí como medio para coordinar la bioquímica del sistema. Las moléculas que utilizan células similares para comunicarse suelen agruparse bajo un término general para distinguirlas de las sustancias químicas utilizadas por otras. Por ejemplo, las células inmunitarias suelen comunicarse a través de una clase de moléculas denominadas citoquinas, y las células grasas (adiposas) liberan adipoquinas. Las neuronas suelen liberar neurotransmisores para comunicarse entre sí y, a menudo, lo hacen enviando señales electroquímicas muy rápidas a lo largo de largos segmentos tubulares de su cuerpo.

En términos más concretos, las neuronas tienen tres componentes principales: el cuerpo celular, las dendritas y el axón. El cuerpo celular es donde residen el núcleo (el ADN) y la mayoría de los orgánulos principales (las mitocondrias, que se describirán con más detalle más adelante, son una excepción significativa a esta regla general). El axón (puede haber más de uno, pero lo más habitual es uno) es el tubo largo que transporta la señal eléctrica cuando el nervio se dispara. Las dendritas son una serie de estructuras en forma de dedos que se extienden hasta los axones de otras neuronas y conectan con ellos en sinapsis.

El estímulo de una neurona, también conocido como impulso nervioso, se produce como resultado de una serie de canales iónicos que se abren y cierran en una secuencia rápida. Esto suele iniciarse por neurotransmisores que provocan una entrada lenta de carga. La diferencia de carga entre el exterior y el interior de la célula puede mantenerse estable hasta que desciende a un nivel definido (denominado umbral de excitación). En ese momento, se abren una serie de canales iónicos dependientes del voltaje que permiten la entrada rápida de más carga. Cuando esto ocurre en un punto, normalmente empezando por el cuerpo de la célula, una cascada de canales iónicos se abre en secuencia a lo largo del axón.

La rápida despolarización provoca el equilibrio de la carga y los canales se cierran rápidamente. Al acercarse el gradiente a cero, se abre un conjunto separado de canales iónicos dependientes de voltaje y la carga fluye en la dirección opuesta, restaurando así la diferencia original de carga a través de la membrana. En este proceso suele producirse un pequeño rebasamiento que obliga a la célula a descansar para volver a su verdadero estado de reposo. Esto se denomina período refractario y suele durar varios milisegundos.

La actividad eléctrica de un nervio influye en el disparo del siguiente mediante la liberación de neurotransmisores. La célula liberadora, junto con las células auxiliares que controlan la sinapsis, suele captar el neurotransmisor utilizado que aún queda rodando mediante un proceso denominado recaptación.

A lo largo de las décadas se han descubierto y analizado numerosos neurotransmisores diferentes (se ha concedido un número sorprendentemente elevado de premios Nobel a personas que han realizado ese trabajo).

Los nervios a menudo se especializan en la liberación de un tipo de neurotransmisor; por ejemplo, el glutamato es un neurotransmisor especialmente importante, ya que normalmente provoca la excitación de la célula que lo recibe (de ahí que se le denomine neurotransmisor excitador). Las neuronas que liberan glutamato suelen denominarse glutaminérgicas.

Del mismo modo, las neuronas que liberan dopamina y GABA (ácido gamma-aminobutírico) se denominan neuronas dopaminérgicas y GABAérgicas.

EL SISTEMA NERVIOSO AUTÓNOMO (SNA)

Los nervios ocupan casi cada milímetro cúbico del cuerpo y, a menudo, tienen largos axones en forma de cable que abarcan distancias macroscópicas (de centímetros hasta metros). En todo momento intervienen en miles de funciones y están bajo la vigilancia constante del cerebro. Estos nervios forman lo que se conoce como sistema nervioso autónomo (SNA) y, a través de ellos, el cerebro vigila y ajusta la frecuencia cardíaca y la tensión arterial, la respiración y la digestión y, como veremos, el sistema inmunitario y el metabolismo. Este sistema vigila y manipula tu cuerpo sin que tengas que actuar conscientemente (o puede tomar el relevo de acciones que voluntariamente puedes decidir hacer de manera diferente, como respirar y parpadear, cuando no estás prestando atención).

Como ya se ha dicho, al igual que el yin y el yang, el SNA tiene dos ramas. La primera se denomina sistema simpático y sus estructuras más grandes son las cadenas nerviosas simpáticas que discurren por la superficie anterior de los huesos de la columna vertebral. Forman nodos en cada nivel de la columna. En cada uno de estos nodos, las fibras nerviosas se ramifican y se unen con las fibras voluntarias e involuntarias de las raíces nerviosas de la médula espinal para controlar todos los músculos involuntarios, desde el corazón y el diafragma hasta los músculos del tubo digestivo. Incluso el músculo liso que recubre las arterias y otros vasos que transportan la linfa, la orina y todo tipo de secreciones está fuertemente influido por las fibras nerviosas simpáticas. El sistema simpático está asociado al modo de lucha o huida o a la actividad de respuesta a la amenaza.

El otro lado del SNA es el sistema parasimpático, que está compuesto por el nervio vago, que desciende desde el tronco encefálico junto con las arterias carótidas y las venas yugulares a ambos lados del cuello (literalmente dentro de las vainas que contienen esos vasos críticos). De forma similar, las fibras nerviosas del nervio vago también conectan con órganos y tejidos, liberando sus neurotransmisores para incidir en la función de todo tipo de procesos, desde la digestión hasta la frecuencia cardíaca y la respiración. Como veremos, el nervio vago puede influir en el metabolismo, la función inmunitaria e incluso la coagulación de la sangre. A diferencia del sistema simpático, el nervio vago es principalmente un nervio sensorial, lo que significa que la mayor parte de él son fibras que llevan información al cerebro. La actividad del nervio vago se asocia con las modalidades de reposo, digestión y restauración.

Las dos ramas del sistema nervioso autónomo suelen ser fuerzas opuestas. No es sorprendente que los neurotransmisores que liberan sean diferentes. Las neuronas simpáticas liberan generalmente norepinefrina. Las fibras parasimpáticas que descienden al interior del cuerpo liberan acetilcolina, lo que las convierte en nervios colinérgicos.

El SNA puede considerarse un tercer componente del sistema inmunitario. Sin embargo, normalmente se considera que el sistema inmunitario tiene dos subsistemas principales: un componente innato y otro adaptativo. El primero reacciona a las amenazas y lesiones con una respuesta inflamatoria enérgica que es, francamente, algo indiscriminada y puede hacerte caer enfermo mientras está tratando de defenderte. El sistema inmunitario innato combate la varicela la primera vez que te la encuentras y, durante este proceso, te sientes enfermo. Las células inmunitarias adaptativas aprenden de encuentros anteriores y construyen herramientas muy específicas (por ejemplo, anticuerpos y células T) capaces de destruir rápidamente los agentes patógenos que se encuentran por segunda vez. Reacciona con tanta rapidez y precisión que no se enferma por la batalla.

Ahora bien, en este contexto, pensemos en el papel del cerebro y del sistema nervioso. La red de nervios y sus células de apoyo nos permiten reaccionar ante las situaciones de forma que evitamos lesionarnos o entrar en contacto con objetos que, de otro modo, nos causarían daños o nos enfermarían. Por ejemplo, reaccionamos por reflejo al calor o a los objetos afilados. Los ciervos saben instintivamente que deben huir de los carnívoros. Los perros ladran a los extraños. Los animales, incluidos los humanos, evitan aquello que huele mal y nuestra percepción consciente de que es nocivo se debe a que nos haría daño. Nos negamos a beber agua turbia o verde, evitamos comer alimentos que no huelen bien o vomitamos algo asqueroso que ingerimos por error. Todas ellas son respuestas instintivas y aprendidas del sistema nervioso que forman parte de nuestro sistema inmunitario proactivo.

El mensaje clave que debemos extraer es que el SNA nos motiva, instintivamente, a luchar, huir o evitar el peligro. Conjuntamente con esta respuesta se produce un aumento de la actividad simpática (denominada «tono» simpático), que provoca la liberación de norepinefrina en el cerebro y a nivel periférico. Una vez que ha pasado el peligro y ya no se percibe la amenaza, aumenta el tono parasimpático y se produce una liberación de acetilcolina. Esto se corresponde con la liberación de energía reprimida y la entrada en un modo de descanso, digestión, recuperación y restauración. La importancia de la liberación de acetilcolina es el núcleo de este libro. Pero antes de llegar a ese punto, necesitamos explicar algunos actores más de esta historia increíblemente importante.

MITOCONDRIAS

Volviendo a las células eucariotas, ya sean amebas unicelulares o las células de revestimiento endotelial en el tracto digestivo de un elefante, todas tienen una característica común que es literalmente la razón de su existencia: las mitocondrias. De hecho, podríamos diferenciar a las procariotas de las eucariotas, no basándonos en la presencia de un núcleo, sino en si la célula contiene o no mitocondrias. Es decir, todas las células que tienen un núcleo tienen mitocondrias, casi con seguridad porque no sería posible la existencia de orgánulos sin la energía que proporcionan las mitocondrias.

La vida surgió en el planeta Tierra hace casi 4.000 millones de años. De hecho, dada la violencia de aquellas primeras épocas, es probable que la vida surgiera, fuera diezmada y volviera a surgir, en repetidas ocasiones.

Durante más de mil millones de años, estas primeras formas de vida sobrevivieron en un entorno prácticamente sin oxígeno libre, a menudo aprovechando reacciones en las que intervenía el ácido sulfhídrico como motor energético de su bioquímica vital. Sin embargo, hace unos 2.800 millones de años, una clase emergente de estos antiguos animales unicelulares, llamados cianobacterias (unas algas verdeazuladas), se apoderó de los océanos y transformó literalmente la atmósfera, elevando la concentración de oxígeno a un notable 2% (un porcentaje aún mísero para los estándares modernos).

La llegada a la atmósfera de oxígeno altamente reactivo era tóxica para muchas de las bacterias anaerobias. En este entorno, la capacidad de utilizar el nuevo «potente contaminante» para generar energía constituía una ventaja increíble. Los antepasados de las mitocondrias fueron estas formas de vida precursoras. La teoría del origen endosimbiótico sugiere que una fusión de dos células, una de ellas un antiguo anaerobio y la otra el antepasado de la mitocondria moderna, unieron sus fuerzas hace unos 2.500 millones de años, aprovechando el valor del tamaño y la fuerza (el anaerobio) con una prodigiosa capacidad de producción de energía y tolerancia al oxígeno (la mitocondria).

En términos financieros, fue la mayor fusión de todos los tiempos. Las mitocondrias proporcionaron un capital de inversión (energía) casi ilimitado para la investigación y el desarrollo, permitiendo nuevas estructuras de orgánulos junto con nuevas e innovadoras formas de almacenar, copiar, desplegar y utilizar el material genético. La expansión era inevitable y las células huésped se hicieron más grandes y más capaces. Al hacerlo, creció el número de mitocondrias dentro de cada una. Por ejemplo, un óvulo humano, a partir del cual se construye una persona entera, contiene unas 500.000 mitocondrias. Los hepatocitos (células del hígado) pueden tener hasta un 20% de su volumen lleno de mil o dos mil mitocondrias. Las células del corazón humano (cardiomiocitos) tienen un 40% de mitocondrias. Los músculos que controlan las alas de un colibrí están igualmente repletos de mitocondrias y sus mitocondrias tienen una capacidad sustancialmente mayor para generar energía.

Los cambios internos que posibilitaron las mitocondrias condujeron a comunicaciones intercelulares y a asociaciones más profundas dentro de las comunidades de células. Estas asociaciones se formalizaron y emergieron formas de vida pluricelulares con especialización celular. La aparición de animales terrestres, marinos y aéreos, así como de árboles, hierbas y plantas con flores, debe su existencia a esta fusión.

A medida que se alcanzaron estos hitos en la evolución, la propia asociación se ajustó y la mayor parte del material genético de las mitocondrias migró al núcleo de la célula huésped. En la mayoría de los animales evolucionados, sólo quedan trece genes de proteínas críticas en la mitocondria, donde se copian y convierten en proteínas de una forma que recuerda a una historia mucho más primitiva. De hecho, al parecer, la razón por la que las mitocondrias mantienen alguna información genética propia es para gestionar ciertas características críticas de la generación de energía específicas para sí mismas.

Aunque se ha escrito mucho al respecto de las diversas funciones de las mitocondrias, sólo necesitamos comprender cómo las mitocondrias sanas generan moléculas energéticas que hacen que la vida funcione y de qué modo las averías en la salud mitocondrial pueden dañar la salud del huésped. Respecto a lo primero, recuerda que la mayoría de las vías de reacción bioquímicas necesarias para la vida son energéticamente desfavorables. Por lo tanto, todas las células han desarrollado mecanismos para aprovechar determinadas reacciones simples para impulsar la increíble diversidad de actividad de la que son capaces.

La más importante de estas reacciones se resume en la expresión ATP → ADP, donde ATP significa adenosín trifosfato y ADP es adenosín difosfato. Estructuralmente, ambos son moléculas que incluyen adenosina (un análogo del ácido nucleico adenina). Como sugieren sus nombres, el ATP tiene tres grupos de fosfato unidos a él y el ADP sólo tiene dos (también existe un AMP, o adenosina monofosfato, que desempeña importantes funciones de señalización, a menudo relacionadas con el fallo en la generación de ATP). El ATP, el ADP y el AMP son efectivamente las baterías recargables de los recursos de las células.

La producción de ATP se realiza generalmente a través de uno de los siguientes dos métodos. El primero es muy sencillo y se denomina glucólisis, que literalmente significa «desdoblamiento de la glucosa». No requiere oxígeno (y no genera dióxido de carbono), por lo que se describe como anaeróbico. Existe desde los albores de la vida y la utilizan procariotas y eucariotas. Su capacidad para extraer la energía de la glucosa es muy limitada; es decir, sus productos de desecho siguen conteniendo la mayor parte de la energía.

La segunda forma de producir ATP, mucho más complicada, es mediante la fosforilación oxidativa, que es lo que hacen las mitocondrias. Las mitocondrias utilizan los residuos y, mediante un proceso de varios pasos en el que intervienen multitud de moléculas y proteínas especializadas, generan dieciocho veces más ATP que la glucólisis. En resumen, las mitocondrias presentan una estructura similar a la de las pilas de hidrógeno. Bombean electrones a una región interna que los mantiene alejados de los protones de los átomos de hidrógeno. Este proceso se denomina cadena de transporte de electrones, o ETC, y en circunstancias sanas sólo se permite que la corriente de la pila orgánica fluya a través de una estructura proteica especializada a la que algunos se refieren como la máquina más pequeña del mundo, llamada ATP sintasa. El flujo de electrones a través de esta proteína hace girar literalmente una rueda que une un grupo de fosfato al ADP, fabricando ATP. Los subproductos de este flujo de electrones son el dióxido de carbono y el agua. El papel del oxígeno para que todo este proceso dé lugar a la fosforilación del ADP en ATP es la razón por la que se denomina fosforilación oxidativa (a menudo abreviada OXPHOS). La OXPHOS es un proceso mucho más eficaz y produce más de treinta ATP a partir de los residuos que quedan de la división de una sola molécula de glucosa. No es de extrañar que los antepasados de las eucariotas decidieran internalizar y conservar, en lugar de simplemente digerir, sus mitocondrias. La energía adicional permitió la especialización de las células que hace posibles formas de vida más complejas, como los humanos.

MACRÓFAGOS

Una de estas células tan exquisitamente especializadas, presente en casi todos los animales pluricelulares, fue descubierta hace algo más de 120 años por un científico ruso llamado Élie Metchnikoff. Metchnikoff observó el tormento de actividad que surgió al incrustar espinas de mandarina en el embrión de una estrella de mar. El enjambre de células que entró arrastrándose por las espinas, intentando engullirlas y destruirlas, recibió el nombre de macrófagos, porque eran claramente grandes devoradores.

Metchnikoff postuló que estos macrófagos formaban parte de una respuesta inmunitaria, diseñada para engullir y digerir objetos extraños peligrosos. Hasta este momento histórico, existían teorías opuestas sobre la inmunidad: la teoría humoral y la teoría celular. La primera afirmaba que las sustancias químicas de la sangre son las responsables de destruir los agentes patógenos y, la segunda, que las células encargadas erradican las amenazas y curan el organismo. Por supuesto, ambas teorías tenían razón. Existen anticuerpos y otros factores en la sangre liberados por las células para matar a los invasores. Por otra parte, los macrófagos de Metchnikoff, junto con otras células, son capaces de combatir a los patógenos en primera línea. Metchnikoff ganó el Premio Nobel en 1908 por demostrar la teoría celular, codo con codo con Paul Ehrlich, que ganó por sus trabajos que demostraban aspectos de la inmunidad humoral.

El descubrimiento de Metchnikoff fue notable, pero el experimento en concreto en el que los observó por primera vez fue desafortunado. Ello se debe a que posteriormente se consideró que la función de los macrófagos consistía principalmente en atacar y destruir. Aunque existen en casi todos los rincones de las formas de vida complejas, durante generaciones se consideró que los macrófagos eran células al acecho, como francotiradores, a la espera de hacer llover violencia sobre los patógenos.

A día de hoy, para muchos profesionales sanitarios, esta sigue siendo la opinión predominante. Nada más lejos de la realidad.

De hecho, puede que no haya célula más importante y casi omnipotente en el cuerpo humano que el macrófago. Para comprender por qué no se trata de una exageración, debemos retroceder hasta las primeras etapas del desarrollo gestacional. Justo después de su implantación en la pared del útero, un grupo de macrófagos llamados células de Hofbauer pasan del ovillo placentario a la pared uterina de la madre. Al igual que un promotor inmobiliario que primero debe enviar representantes al ayuntamiento para conseguir permisos de construcción y, a continuación, debe hacer que su equipo corte una carretera hasta la propiedad para las entregas de suministros, las células de Hofbauer actúan como emisarios de la placenta. Realizan estas tareas liberando citocinas antiinflamatorias que vuelven dóciles a los macrófagos maternos (deciduales). Al mismo tiempo, liberan factores de crecimiento que inician el desarrollo de vasos sanguíneos (angiogénesis) que permitirán el suministro de nutrientes a la placenta a medida que se desarrolle el embrión.

En este primer momento de la gestación, existen dos estructuras dentro de la placenta (la «zona de trabajo» del proyecto de construcción). La primera es el embrión, aunque no es mucho más que tres capas de células que tienen poca estructura más allá de una orientación aproximada que asigna dónde estarán la cabeza y los pies uno respecto al otro. En cierto sentido, esta fase embrionaria temprana es como la parcela de un promotor inmobiliario que se ha despejado y delimitado, pero en la que aún no se ha realizado ninguna construcción real. La otra estructura dentro de la placenta temprana es el saco vitelino y, al igual que la casa móvil que los promotores suelen transportar a su lugar de construcción, es el lugar en el que se lleva a cabo mucha coordinación y planificación temprana.

De hecho, en el denominado día embrionario 7,5,[1] se produce una emigración de células del saco vitelino a cuatro lugares del diminuto embrión. Esta primera oleada está compuesta por células progenitoras de macrófagos que se instalan en el tubo neural (donde se formará el cerebro), el tórax (donde estará el corazón), el abdomen (donde estará el hígado) y la capa dérmica (que se convertirá en la piel). Estas células progenitoras proliferan y se diferencian en cientos, luego en miles, luego en millones y, finalmente, en miles de millones de macrófagos, convirtiéndose en los residentes tisulares del cerebro (microglía), el corazón (macrófagos cardíacos), el hígado (células de Kupffer) y la piel (células de Langerhans). Cada tejido posterior que se crea, desde los riñones y los pulmones hasta los huesos y los órganos reproductores, tiene sus propias subclases de macrófagos residentes en los tejidos.

Como veremos en los capítulos posteriores, no hay tejido en el cuerpo que no deba su existencia, mantenimiento, regeneración y, en última instancia, su senescencia y desaparición al macrófago residente en el tejido.

---

1. Etapas similares del desarrollo de un feto se producen a ritmos diferentes según las especies, pero son aproximadamente proporcionales a la duración global de la gestación. Como referencia, estas etapas se etiquetan según el día de desarrollo de un embrión de ratón. Así pues, el término día embrionario 7,5 no se refiere en realidad a los acontecimientos que tienen lugar a los 7,5 días de la concepción en los humanos, sino más bien al punto del proceso de desarrollo de un humano que refleja lo que experimenta un embrión de ratón en ese momento. *(N. del A.)*.

Por si estas funciones no fueran ya lo bastante destacables, los macrófagos que construyen, remodelan, mantienen, desmantelan y regeneran todos los tejidos del cuerpo también tienen la capacidad de llevar a cabo tareas críticas de las células que pastorean. Ejemplos de ello son los macrófagos alveolares del pulmón, que han demostrado transformarse en células nerviosas y hacer literalmente sinapsis con otros nervios y liberar neurotransmisores para transmitir señales de dolor. Se ha observado que las células de Kupffer transportan y almacenan hierro del mismo modo que lo hacen los hepatocitos en momentos de lesión o disfunción hepática.

En los próximos capítulos, en los que se tratarán las funciones del sistema nervioso, el sistema inmunitario y las mitocondrias en relación con el desarrollo, la optimización, las patologías y la degeneración del cerebro, los sistemas metabólicos y los sistemas reproductores, será crucial el papel específico de los macrófagos residentes en los tejidos.

EL REFLEJO INMUNITARIO

Hace casi un cuarto de siglo, se hizo un descubrimiento que dio un giro a los campos de la inmunología, la reumatología y la neurología. Cuando finalmente se escriba la historia completa de este descubrimiento y sus consecuencias, es poco probable que exista un solo campo de la medicina, desde la obstetricia a la oncología y desde la pediatría a la geriatría, que no haya sido totalmente transformado. Pero, de momento, empecemos por el principio.

Como ocurre con todos los grandes descubrimientos, hubo indicios que precedieron en décadas al gran salto adelante. Por ejemplo, cirujanos franceses y británicos de los años 30 y 40 habían extirpado el bazo de pacientes con artritis reumatoide con un éxito notable.

Asimismo, a finales de la década de 1960, los científicos rusos habían descubierto que cortar el nervio vago, el componente principal del sistema parasimpático del SNA, antes de desencadenar una reacción alérgica grave podía evitar que un animal muriera de choque anafiláctico.

El primero reveló el papel del bazo en las respuestas inflamatorias patológicas y el segundo demostró que el SNA estaba relacionado con las reacciones inmunitarias patológicas.

El gran avance se produjo en el año 2000, cuando Luydmila Borovikova y sus colegas, que trabajaban bajo la dirección del Dr. Kevin Tracey en el Instituto Feinstein de Long Island, Nueva York, publicaron una carta en la revista *Nature*, una de las más importantes de toda la ciencia.[2] En aquel momento (finales de la década de 1990), el equipo del Instituto Feinstein estaba estudiando un polipéptido con el nombre en clave CNI-1493 y sus efectos sobre las reacciones inmunitarias graves, como las que se producen en el choque séptico. El choque es una afección potencialmente mortal, desencadenada normalmente por agentes infecciosos (víricos o bacterianos) y que implica la liberación de cantidades abrumadoras de citoquinas inflamatorias (los mediadores químicos del sistema inmunitario). El choque séptico es un problema relativamente frecuente y grave, con más de 1,7 millones de casos anuales en Estados Unidos y que contribuye a más de un cuarto de millón de muertes.

El equipo del Instituto Feinstein había estado estudiando un tipo de choque séptico que consiste en inyectar en roedores una molécula llamada lipopolisacárido, o LPS, que se encuentra en la membrana celular de ciertas procariotas. Como ya se ha mencionado, algunos de los componentes de la membrana celular de las procariotas, incluido los LPS, son potentes desencadenantes para estimular el sistema inmunitario, desencadenando la producción de citocinas inflamatorias. Lo que produce los síntomas clínicos de la sepsis es la producción desmesurada de estas citocinas.

En estos estudios, se inyectó CNI-1493 (también conocido como semapimod) en cantidades relativamente grandes en el peritoneo (regiones no orgánicas del abdomen) y se observó que reducía la expresión de citocinas inflamatorias. Tras observar estos resultados, Kevin Tracey inyectó cantidades diminutas de semapimod en las re-

2. Lyudmila V. Borovikova, *et al.* «Vagus Nerve Stimulation Attenuates the Systemic Inflammatory Response to Endotoxin», *Nature,* vol. 405, n.º 6785 (2000): 458-462. doi: 10.1038/35013070. PMID: 10839541.

giones llenas de líquido cefalorraquídeo del cerebro de algunos de los animales. Para su sorpresa, descubrió que estas cantidades minúsculas eran capaces de detener la liberación de citocinas inflamatorias con la misma eficacia que las grandes cantidades introducidas en el peritoneo. Para él, esto sugería que los efectos del tratamiento con polipéptidos podían afectar al sistema nervioso. Una investigación sobre esta posibilidad condujo al descubrimiento de que el semapimod activaba una zona del cerebro denominada núcleo motor dorsal del nervio vago. Basándose en esta observación, el equipo del Instituto Feinstein decidió probar si la estimulación eléctrica del nervio vago también podría afectar a la gravedad de una respuesta séptica.[3] En el estudio citado, el equipo del Instituto Feinstein dividió una serie de ratas normales en cuatro grupos. El primer grupo se utilizó como control y los niveles de sus citocinas inflamatorias fueron insignificantes. Al segundo grupo, se le inyectó LPS y, como era de esperar, generó respuestas inflamatorias graves, con aumentos bruscos de la expresión de citocinas. Al tercer grupo de animales se les administró LPS, pero también se les cortó el nervio vago, y se midió un nivel aún mayor de liberación de citocinas.[4] Los autores del estudio explicaron estos resultados afirmando que cortar el nervio vago liberaba los mecanismos naturales de frenado que existen para resistir una expresión significativa de citocinas. El último grupo de animales del experimento fue un reflejo del tercer grupo, salvo que, tras cortar el nervio vago, los investigadores estimularon eléctricamente los extremos expuestos del nervio. Los resultados fueron asombrosos. Los niveles de expresión de citocinas en estos animales se suprimieron en casi un 90 %.

A lo largo de los años siguientes, muchos equipos de investigación de todo el mundo han contribuido a la descripción de la(s) vía(s) por

---

3. Aunque el trabajo en anafilaxia y asma que desarrolló nuestro equipo, a partir de 2005, se hizo sin conocimiento del trabajo del equipo del Instituto Feinstein, no se puede discutir que su trabajo precedió al nuestro. (N. del A.).

4. Éste es el único hallazgo que ha sido cuestionado por investigadores posteriores, y parece ser la única respuesta variable que no es reproducible sistemáticamente. (N. del A.).

la(s) que esta estimulación del nervio vago (VNS) suprime la expresión de citocinas.[5] Funciona más o menos así:

El nervio vago interactúa con el nervio esplénico, un nervio simpático, en el plexo celíaco. La VNS activa el nervio esplénico para que se dispare, liberando norepinefrina en el bazo. Esta liberación de norepinefrina activa un conjunto especial de células T, denominadas células ChAT+, que responden a la liberación de norepinefrina liberando acetilcolina. Esta liberación de un neurotransmisor por una célula inmunitaria en respuesta a un neurotransmisor es una maravillosa demostración de cómo el sistema inmunitario y el sistema nervioso son en realidad las dos caras de una misma moneda. La acetilcolina se une a un receptor especial en las superficies de los macrófagos del bazo, así como de los monocitos circulantes que viajan por el bazo, denominado receptor de acetilcolina nicotínico alfa-7, o α7-nAChR. La unión de la acetilcolina a este receptor hace que se activen múltiples vías distintas, cada una de las cuales tiene efectos antiinflamatorios. Una función importante de varias de estas vías es bloquear el factor nuclear potenciador de la cadena luminosa kappa de las células B activadas, afortunadamente abreviado NF-κB, que de otro modo activaría la expresión de muchos genes asociados a la inflamación.

Cabe señalar que trabajos posteriores han demostrado que la estimulación de los extremos del nervio vago cortado que aún conectan con el cerebro también puede activar esta vía. Otros autores han sugerido que esta vía central puede implicar señales que viajan por la cadena simpática directamente al nervio esplácnico desde el cerebro. La posibilidad de que existan múltiples formas de activar este mecanismo demuestra que es muy robusto. La existencia de la vía en casi todos los animales complejos en los que se ha estudiado sugiere que la evolución la ha conservado como algo fundamental.

5. Ulf Andersson y Kevin J. Tracey, «Reflex Principles of Immunological Homeostasis», *Annual Review of Immunology*, vol. 30 (2012): 313-335. https://doi.org/10.1146/annurev-immunol-020711-075015

Tras el descubrimiento de la vía esplénica, ahora denominada vía antiinflamatoria colinérgica esplénica o, las siglas en inglés, CAP, los investigadores descubrieron que los mismos parámetros de estimulación también activaban zonas del cerebro que conducen a la liberación central de acetilcolina.[6] No se puede exagerar la importancia de este descubrimiento. Este CAP cerebral tiene efectos antiinflamatorios similares, que afectan a la microglía (los macrófagos residentes en los tejidos del cerebro) del mismo modo que la liberación de acetilcolina en el bazo afectaba a los macrófagos esplénicos. Como se verá en el capítulo siguiente, esto puede explicar la eficacia de la VNS en la epilepsia, la depresión y la migraña, donde la terapia ya está aprobada, así como la promesa que encierra para el tratamiento de afecciones que van desde el trastorno del espectro autista y la esquizofrenia hasta el trastorno de estrés postraumático (TEPT), la lesión cerebral traumática, el ictus e incluso las enfermedades de Parkinson y Alzheimer. A continuación, se expone una sinopsis de cómo funciona la CAP en el cerebro:

La VNS provoca la entrada de una señal en el tronco encefálico a través de una estructura llamada núcleo del tracto solitario o NTS. El NTS contiene algunas estructuras muy importantes que liberan neurotransmisores específicos. Entre ellas se encuentra el *locus coeruleus*, o LC, que es la única fuente cerebral de norepinefrina. Adyacente al LC está el núcleo dorsal del rafe, o NDR, que es una fuente importante de serotonina para el cerebro, y se activa cuando se estimula el LC. Tras el LC y el NDR, se activa otra zona esencial, denominada núcleo basal de Meynert, o NBM. El NBM es la principal fuente de acetilcolina del cerebro y, cuando es activado por la VNS, libera acetilcolina tanto sináptica (como resultado del disparo de los nervios) como constitutivamente (una dispersión general constante por todo el cerebro causada por la fuga intencionada desde puntos específicos a lo largo del axón de los nervios). Al igual

---

6. Javier Egea, *et al.*, «Anti-Inflammatory Role of Microglial Alpha7 nAChRs and Its Role in Neuroprotection», *Biochemical Pharmacology*, vol. 97, n.º 4 (2015): 463-472. https://doi.org/10.1016/j.bcp.2015.07.032

que los macrófagos del bazo tienen α7-nAChR en su superficie, lo mismo ocurre con la microglía (los macrófagos residentes en los tejidos del cerebro).

En 2012, un equipo de investigadores ucranianos, dirigido por la Dra. Marina Skok, publicó un artículo[7] que añadía una dimensión adicional importante a la vía colinérgica antiinflamatoria al revelar que las mitocondrias expresan el mismo receptor 7-nACh.[8] Su trabajo posterior, confirmado por el equipo de Kevin Tracey en 2014[9] y otros, demostró que la acetilcolina liberada por la VNS impide la liberación de ADN mitocondrial que puede desencadenar una potente señalización inflamatoria dentro de la célula, así como la regulación de la formación de agujeros en la membrana mitocondrial y la fuga de contenidos que provocan el suicidio celular (apoptosis). Comprender las funciones del sistema nervioso autónomo en la regulación de la función inmunitaria (ya sea la VNS para reducir la inflamación y el comportamiento de los macrófagos o la activación del sistema simpático que potencia la señalización inflamatoria) es una revelación notable para comprender cómo funciona la vida, así como un poderoso mecanismo que puede aprovecharse con fines terapéuticos.

7. Galyna Gergalova, *et al.*, «Mitochondria Express *A*7 Nicotinic Acetylcholine Receptors to Regulate Ca2+ Accumulation and Cytochrome C Release: Study on Isolated Mitochondria», *PloS One*, vol. 7, n.º 2 (2012): e31361. https://doi.org/10.1371/journal.pone.0031361

8. La primera prueba publicada de la expresión mitocondrial de los 7-nAChR procede en realidad de un trabajo realizado en 1984 (R. J. Lukas, «Detection of Low-Affinity Alpha-Bungarotoxin Binding Sites in the Rat Central Nervous System», *Biochemistry*, vol. 23, n.º 6 [1984]: 1160-1164). *(N. del A.).*

9. Ben Lu, *et al.*, «α7 Nicotinic Acetylcholine Receptor Signaling Inhibits Inflammasome Activation by Preventing Mitochondrial DNA Release», *Molecular Medicine,* vol. 20 (2014): 350-358. https://doi.org/10.2119/molmed.2013.00117

CAPÍTULO 2

EL CEREBRO

Cualquier lista de los mayores misterios sin resolver de la ciencia debe incluir el llamado *Problema Difícil de la Conciencia*. En pocas palabras, el problema puede ser resumido en la pregunta: ¿cuáles son las reglas y los requisitos para que un sistema físico pueda considerarse consciente? Al margen de la creencia de Aristóteles de que el cerebro no era más que un radiador y que el corazón hacía el trabajo cognitivo de los humanos, desde hace miles de años se cree ampliamente que el procesamiento de la información sensorial tiene lugar en el cerebro.

Los más grandes filósofos y científicos de la historia de la humanidad, desde Hipócrates, Platón y Galeno hasta René Descartes e Isaac Newton, lucharon con la cuestión de cómo las interacciones de la luz, el sonido, las sustancias químicas y los objetos físicos al entrar en contacto con nuestros órganos sensoriales podían dar lugar al pensamiento y la percepción. Aunque Descartes propuso (sin evidencia alguna) que la glándula pineal era el lugar que conectaba el tejido físico y un mundo etéreo de percepciones, sólo en el siglo pasado los descubrimientos relativos a las sinapsis, los neurotransmisores, los canales iónicos (acoplados a receptores o de otros tipos), los mecanismos de transmisión rápida y lenta y las vías de recaptación ayudaron a revelar los fundamentos del funcionamiento de las neuronas.

Más recientemente, el desarrollo de redes neuronales artificiales, muchas de las cuales han resultado funcionar de forma muy parecida a como lo hacen importantes estructuras de nuestro cerebro, también ha hecho avanzar nuestra comprensión del sistema nervioso central. Aun así, falta algo. El cerebro humano tiene aproximadamente 86.000 millones de neuronas y más de 100 billones de sinapsis. En comparación, el ChatGPT (GPT-4), tiene 175.000 millones de neuronas artificiales (nodos de la red transformadora multicapa) y 100 billones de conexiones, lo que, al menos numéricamente, iguala o supera al cerebro humano. Es una maquinaria extraordinaria, pero cualquiera que haya interactuado con ella el tiempo suficiente reconocerá sin duda que no es el equivalente de un intelecto humano. Es decir, a pesar de su capacidad para elaborar un trabajo de fin de carrera en fracciones de segundo, e incluso de su capacidad para informar de que «disfrutó» escribiendo el tratado, carece por completo de las características necesarias para ser considerado consciente y tener la amplitud de inteligencia general que tiene un cerebro humano.

Para entender por qué es así, es importante entender cómo se desarrolla el cerebro.

MICROGLÍA Y NEURODESARROLLO

Junto con sus 86.000 millones de neuronas, el cerebro está formado por muchas otras células que están estrechamente entrelazadas e interactúan con las neuronas y entre sí. Las tres clases de células más grandes son los astrocitos, los oligodendrocitos y la microglía. El primero de estos tipos celulares que se estudió fue la variedad que se dispara eléctricamente, las neuronas. Se descubrió que los astrocitos y los oligodendrocitos, que envuelven las sinapsis, los vasos sanguíneos y los axones largos, respectivamente, eran células de apoyo para la función neuronal.

La microglía, que es la más pequeña de estas «otras células», se denominó inicialmente pegamento de la red (el nombre significa en realidad «pequeño pegamento nervioso»). En realidad, como se indica en el capítulo 1, la microglía no es pegamento, sino los macrófagos residentes del cerebro. Sin embargo, en las últimas décadas, a medida que se han ido descifrando las asombrosas funciones que desempeñan estas células, están poniendo patas arriba toda la visión del funcionamiento del cerebro. Puede que las neuronas sean los cables de la red neuronal, pero la microglía es el equipo de ingenieros y mantenimiento que diseña y ejecuta el qué, dónde, cuándo, cómo y por qué de la organización y función cerebrales.

Como cualquier superhéroe, la microglía tiene una fascinante historia de su origen. Como se introdujo en el capítulo 1, la historia de la microglía comienza a los pocos días de la concepción, cuando la primera oleada de células progenitoras de macrófagos fluye desde el saco vitelino hacia el diminuto embrión.[1] Ampliando la analogía anterior de la obra de construcción, esta oleada de macrófagos es como los subcontratistas que abandonan la casa móvil del constructor y se dirigen al andamiaje para empezar a construir un edificio de oficinas de 100 plantas. Los primeros en llegar son el herrero[2] (el hígado), los fontaneros (el corazón), los carpinteros, montadores e instaladores de tejados (la piel), y los electricistas (el cerebro). Cuando los subcontratistas eléctricos llegan a una obra en bruto, tienen que empezar de cero, construyendo redes de cables, conductos e interruptores al mismo tiempo que tienden cables y conectan enchufes. La microglía también tiene que empezar de cero.

Empezar de cero significa que la microglía construye toda la red de neuronas conectadas a otras neuronas. Para ser más exactos, la microglía recluta células madre, guía su diferenciación y promueve que las células progenitoras neuronales generen miles de millones de neuronas y, a continuación, instruye a cada neurona recién formada sobre dónde migrar y cómo terminar de diferenciarse (por ejemplo, en neuronas excitadoras o inhibidoras). Del mismo modo que promueven el crecimiento de nuevas neuronas, la microglía también engulle y recicla estas

---

1. Francoise Alliot, Isabelle Godin, y Bernard Pessac, «Microglia Derive from Progenitors, Originating from the Yolk Sac, and Which Proliferate in the Brain», *Developmental Brain Research,* vol. 117, n.º 2 (1999): 145-152. doi: 10.1016/S0165-3806(99)00113-3.

2. ¿Lo entiendes? El hígado está lleno de hierro y desempeña un papel muy importante en el metabolismo del hierro en todo el organismo. Pensé que era un buen juego de palabras… pero soy padre y mis hijos se avergüenzan y sacuden la cabeza ante mis chistes. *(N. del A.).*

neuronas (e incluso sus progenitores) cuando no hacen lo que se les ordena o no van adonde se les indica.[3]

Las neuronas que se consideran dignas son entonces conectadas entre sí por la microglía.[4] Inicialmente, estas conexiones, las sinapsis, parecen una maraña aleatoria. De hecho, existen reglas básicas pero poderosas de organización (que van más allá del alcance de este libro), pero las instrucciones específicas para 100 billones de conexiones en tres dimensiones simplemente no existen. Así pues, la sinaptogénesis se produce de forma robusta, sobreconectando toda la red a lo largo de las últimas etapas del neurodesarrollo gestacional. En el caso de los seres humanos, esta sinaptogénesis continúa de forma intensa durante los primeros años de vida. Sin embargo, en el interior de este sistema sobreconectado hay una organización y eficiencia a la espera de ser revelada.

Como el escultor que amontona puñados de arcilla en un pedestal antes de tallarla y darle forma para encontrar la forma deseada enterrada en su interior, la microglía sobreconecta la red y, a continuación, inicia un proceso de poda sináptica para revelar el resultado deseado. Al principio, el producto final es irreconocible, pero poco a poco se va haciendo realidad a medida que se retira el material sobrante.

Un ejemplo de exceso de conectividad puede ser la simple duplicación, como cuando los axones conectan inicialmente las retinas de ambos ojos con los nervios ópticos izquierdo y derecho.[5] Esto produce

---

3. Jeffrey L. Frost y Dorothy P. Schafer, «Microglia: Architects of the Developing Nervous System», *Trends in Cell Biology*, vol. 26, n.º 8 (2016): 587-597. http://dx.doi.org/10.1016/j.tcb.2016.02.006; Akiko Miyamoto, «Microglia Contact Induces Synapse Formation in Developing Somatosensory Cortex», *Nature Communications,* vol. 7, n.º 1 (2016): 12540. https://doi.org/10.1038/ncomms12540; Kaoru Sato, «Effects of Microglia on Neurogenesis», *Glia,* vol. 63, n.º 8 (2015): 1394-1405. https://doi.org/10.1002/glia.22858; Joana R. Guedes, Pedro A. Ferreira, Jéssica M. Costa, Ana L. Cardoso, y João Peça, «Microglia-Dependent Remodeling of Neuronal Circuits», *Journal of Neurochemistry*, vol. 163, n.º 2 (2022): 74-93. https://doi.org/10.1111/jnc.15689

4. Rosa C. Paolicelli y Cornelius T. Gross, «Microglia in Development: Linking Brain Wiring to Brain Environment», *Neuron Glia Biology*, vol. 7, n.º 1 (2011): 77-83. https://doi.org/10.1017/S1740925X12000105

5. Georgia Gunner Faust y Dorothy P. Schafer, «Mechanisms Governing Activi-

imágenes dobles que no son estereoscópicas. Los datos sensoriales guían a la microglía para podar las sinapsis de la retina derecha con el nervio óptico de la izquierda y viceversa. Esta poda dependiente de los sentidos es tremendamente importante, pero también peligrosa. A un animal joven al que se le impide experimentar cualquier estímulo visual durante el período en que la microglía está podando las conexiones inadecuadas, también se le eliminarán las sinapsis necesarias porque no dispone de información sensorial para guiar la poda. Esta poda guiada por los sentidos es la voluntad del escultor y las microglías son sus manos.

A fin de optimizar la red para las demandas específicas del entorno y de la vida del animal, la microglía engulle y elimina sinapsis (mediante un proceso llamado trogocitosis) de forma tan extensa que, a los quince años, en los humanos, la densidad de sinapsis ha disminuido un 50%. Esta poda dependiente de la actividad y los sentidos también explica cómo la estimulación intelectual en la infancia puede aumentar literalmente la capacidad cognitiva y por qué animamos a los ancianos a seguir utilizando la mente para evitar la pérdida de funciones y la demencia.

Al igual que las sinapsis pueden podarse, la microglía puede reforzar las conexiones mediante un proceso denominado potenciación a largo plazo, con las siglas en inglés LTP. La LTP se utiliza para reducir la cantidad de neurotransmisor excitador necesaria para activar una vía útil y utilizada con frecuencia. Por razones que se exponen más adelante en este capítulo, el uso excesivo de neurotransmisores excitatorios puede provocar reacciones tóxicas que dañan e incluso destruyen neuronas, por lo que la LTP desempeña un papel muy importante en la buena higiene de la red neuronal.[6]

———————

ty-Dependent Synaptic Pruning in the Developing Mammalian CNS», *Nature Reviews Neuroscience,* vol. 22, n.º 11 (2021): 657-673. https://doi.org/10.1038/s41583-021-00507-y

6. Yuwen Wu, Lasse Dissing-Olesen, Brian A. MacVicar, y Beth Stevens, «Microglia: Dynamic Mediators of Synapse Development and Plasticity», *Trends in Immunology,* vol. 36, n.º 10 (2015): 605-613. https://doi.org/10.1016/j.it.2015.08.008; Roger A. Nicoll, «A Brief History of Long-Term Potentiation», *Neuron,* vol. 93, n.º 2 (2017): 281-290. https://doi.org/10.1016/j.neuron.2016.12.015

Además de las funciones neurogénicas y sinaptogénicas, la microglía también esculpe la red de túneles que se convertirán en los vasos sanguíneos, reclutando y dirigiendo a los progenitores de las células endoteliales que recubrirán los túneles y conectando los conductos recién formados al suministro de sangre establecido (es decir, las líneas de suministro de oxígeno y nutrientes para el proyecto de construcción). De un modo que recuerda mucho al desarrollo de la red neuronal, durante la fase de crecimiento o regeneración del desarrollo de los vasos sanguíneos se generan más vasos de los necesarios y con más conexiones a las líneas sanguíneas establecidas de las necesarias.[7] La microglía observa entonces el flujo de sangre a través de la red de conductos que ha creado, poda los disfuncionales de la red de conductos, y amplía y refuerza los que funcionan bien. De este modo, la ubicación de los grandes vasos suele ser común en la mayoría de los humanos, resultado de una convergencia de desarrollo impulsada por la eficacia y la función, mientras que los vasos más pequeños están aparentemente dispersos al azar.

En cierto sentido, la construcción de la neurovasculatura y la red sináptica del cerebro implican el mismo programa de esculpido; la forma sigue a la función, produciendo una convergencia a partir del caos.

Este mismo estilo bioarquitectónico puede verse en la creación de muchos órganos y tejidos, desde los riñones a los pulmones, desde el hígado al páncreas, e incluso a la estructura trabecular del hueso. Una forma estructural inicial se construye en exceso y es ineficaz, a lo que sigue la eliminación de lo superfluo.

Las señales moleculares que guían estos procesos de poda y/o refuerzo están mediadas por proteínas específicas que se dividen en cuatro categorías: «encuéntrame» (señales que promueven la interacción con la microglía); «cómeme» (señales para promover que la microglía se engulla y elimine); «no me comas» (señales que promueven el apoyo;

7. Yuki Hattori, «The Microglia-Blood Vessel Interactions in the Developing Brain», *Neuroscience Research* (2022). doi: 10.1016/j.neures.2022.09.006. Epub 2022 Sep 24. PMID: 36167249; David A. Menassa y Diego Gomez-Nicola, «Microglial Dynamics during Human Brain Development», *Frontiers in Immunology*, vol. 9 (2018): 1014. doi: 10.3389/fimmu.2018.01014. PMID: 29881376; PMCID: PMC5976733.

por ejemplo, agrandamiento de vasos y LTP); y «ayúdame».[8]Tanto si se trata de neuronas rebeldes, sinapsis inactivas o microvasos disfuncionales, las señales de «cómeme» provocan la poda y las funciones de limpieza de desechos celulares de la microglía. Todos los macrófagos residentes en los tejidos tienen este modo de limpieza de residuos, mediante el que engullen y digieren las células muertas y otras estructuras innecesarias. La eliminación de células muertas de este modo se denomina eferocitosis y no es inflamatoria.[9] De hecho, mientras limpian los residuos, los macrófagos residentes en el tejido a menudo liberan simultáneamente factores estimulantes del crecimiento y progenitores para desencadenar la sustitución de las mismas células que están retirando.

La remodelación de la microglía es el mecanismo por el que se coordinan el aprendizaje, la formación de la memoria y el recuerdo eficaz de la información previamente aprendida. En cierto sentido, las actividades de refuerzo y poda sináptica microglial explican la singularidad del pensamiento y la percepción de cada individuo. De este modo, estamos moldeados por la naturaleza y la crianza. La microglía poda o promueve las sinapsis en respuesta a las entradas sensoriales (crianza), que son inherentemente individuales, pero la forma en que llevan a cabo esta función se basa en factores genéticos y en la expresión de proteínas (naturaleza). Como veremos en el último capítulo, nuestras experiencias vitales personales pueden alterar el nivel de expresión de las proteínas de modo que la crianza influya en la naturaleza (epigenética). Así, el cerebro se construye literalmente a sí mismo, podando y promoviendo conexiones basadas en el uso, en lo que equivale neurológicamente a la expresión «úsalo o piérdelo». Como veremos más adelante en el siguiente apartado, el hecho de que la microglía no pode correctamente la red es un factor importante (incluso crítico) en tras-

8. Akio Suzumura, «Neuron-Microglia Interaction in Neuroinflammation», *Current Protein and Peptide Science,* vol. 14, n.º 1 (2013): 16-20. doi: 10.2174/1389203711314010004.

9. Mar Márquez-Ropero, Eva Benito, Ainhoa Plaza-Zabala, y Amanda Sierra, «Microglial Corpse Clearance: Lessons from Macrophages», *Frontiers in Immunology,* vol. 11 (2020): 506. doi: 10.3389/fimmu.2020.00506. PMID: 32292406; PMCID: PMC7135884.

tornos del neurodesarrollo como la esquizofrenia (demasiada poda) y el autismo (muy poca poda).[10]

El desarrollo del cerebro descrito anteriormente conduce a la maduración de muchas áreas que no cambian significativamente una vez que se han sometido a la optimización de la poda. Entre ellas se incluyen las áreas que controlan las funciones autónomas, como las contracciones cardíacas, la respiración y la deglución, todas las cuales están en gran medida completadas antes del nacimiento. La visión (normalmente en las primeras semanas de vida) y la audición (en los primeros 6 a 12 meses) son áreas que también se han completado en gran medida muy pronto en la vida. Otras áreas, como las relacionadas con el control motor y el aprendizaje de un nuevo idioma, permanecen abiertas a un mayor grado de remodelación en la edad adulta e incluso en la vejez. Sin embargo, a medida que los humanos envejecen, la capacidad de remodelar la red se hace más difícil. Por ejemplo, llegar a dominar una nueva lengua extranjera o aprender a practicar nuevos deportes (sobre todo los que requieren un gran equilibrio, como montar en bicicleta o en monopatín) es extremadamente difícil.

Por supuesto, aprender nuevos conceptos científicos, familiarizarse con nuevos entornos, conocer nuevas tecnologías y un sinfín de otras tareas intelectuales son posibles en cualquier momento de la vida de un ser humano sano. Existen pruebas de que hay zonas del cerebro en las que los pasos de crear nuevas neuronas, hacerlas migrar a la posición adecuada, conectarlas (con sinapsis) a la red establecida con muchas conexiones y, a continuación, someter a estas nuevas sinapsis a un proceso de poda para garantizar su funcionalidad, suceden a lo largo de toda la vida. Entre estas zonas, el hipocampo es muy importante, ya que interviene en la formación de la memoria y el aprendizaje. Para que esto ocurra a lo largo de la vida, la microglía tiene que permanecer en

10. Meiyan Wang, Lei Zhang, y Fred H. Gage, «Microglia, Complement and Schizophrenia», *Nature Neuroscience,* vol. 22, n.º 3 (2019): 333-334 doi: 10.1038/s41593-019-0343-1; Ryuta Koyama, y Yuji Ikegaya, «Microglia in the Pathogenesis of Autism Spectrum Disorders», *Neuroscience Research,* vol. 100 (2015): 1-5. doi: 10.1016/j.neures.2015.06.005. Epub 2015 Jun 25. PMID: 26116891.

un estado en el que pueda seguir realizando y gestionando todas las tareas de mantenimiento necesarias para que todo esto sea posible.[11]

La Ley de Murphy nos dice que, si algo puede salir mal, sale mal. Si eres como yo, probablemente te preguntes qué ocurre cuando la microglía deja de realizar sus tareas críticas. Y si eso puede ocurrir, ¿qué podría hacer que dejaran de hacer estas tareas de mantenimiento tan importantes?

Las microglías son células inmunitarias, lo que significa que también son responsables de defender y curar el cerebro cuando surgen problemas en forma de patógenos, hipoxia, traumatismos o cualquier forma de estrés. Cuando surgen problemas, son detectados mediante señales químicas denominadas DAMP y PAMP,[12] y la microglía entra en modo inflamatorio. En este estado, deja de realizar las tareas de mantenimiento. Si el problema es leve y/o breve, la microglía normal y sana puede volver fácilmente a su modo de limpieza y ponerse al día. Cuanto más grave o crónico sea el problema, más tiempo sentirán las microglías que tienen que permanecer en su estado inflamado. Éste es un factor clave de la aparición de síntomas, como dolor, bajo estado de ánimo, ansiedad, dificultades para dormir e incluso disfunción cognitiva (niebla cerebral) y convulsiones. Sin la supervisión de la microglía, el cerebro tiene problemas para alcanzar o mantener una función normal. Sin embargo, si se obliga a la microglía a permanecer inflamada durante el tiempo suficiente, puede perder la capacidad de retomar plenamente sus funciones de mantenimiento. En estos casos, el cerebro empieza a funcionar de forma anómala. Esto puede significar que los síntomas enumerados anteriormente (y otros) persistan incluso en ausencia de inflamación observable. Con el tiempo, la propia red neuronal puede empezar a descomponerse y degenerarse.[13]

11. Christine T. Ekdahl, «Microglial Activation–Tuning and Pruning Adult Neurogenesis», *Frontiers in Pharmacology*, vol. 3 (2012): 41. doi: 10.3389/fphar.2012.00041. PMID: 22408626; PMCID: PMC3297835.
12. Los DAMP son patrones moleculares asociados a daños y los PAMP son patrones moleculares asociados a patógenos. *(N. del A.)*.
13. Gang Chen, *et al.*, «Microglia in Pain: Detrimental and Protective Roles in Pathogenesis and Resolution of Pain», *Neuron*, vol. 100, n.º 6 (2018): 1292-1311. doi: 10.1016/j.neuron.2018.11.009. PMID: 30571942; PMCID: PMC6312407;

A medida que empezamos a debatir los aspectos específicos de determinadas afecciones médicas, es importante recordar que la inflamación de la microglía puede surgir de una inflamación interna del cerebro, como un traumatismo o agentes patógenos, así como externa al cerebro, incluida la metainflamación asociada al envejecimiento y la obesidad.[14]

DISFUNCIONES DEL NEURODESARROLLO

La exposición de las futuras madres a desafíos proinflamatorios, o enfermedades, traumas o incluso factores estresantes extremos, activa y distrae a la microglía fetal en el útero de sus tareas normales de neurodesarrollo. Si son lo bastante graves, pueden alterar permanentemente, o cebar, la microglía del feto de modo que reaccione a futuros retos de

Raz Yirmiya, Neta Rimmerman, y Ronen Reshef, «Depression as a Microglial Disease», *Trends in Neurosciences,* vol. 38, n.º 10 (2015): 637-658. https://doi.org/10.1016/j.tins.2015.08.001; Haixia Wang, *et al.,* «Microglia in Depression: An Overview of Microglia in the Pathogenesis and Treatment of Depression», *Journal of Neuroinflammation,* vol. 19, n.º 1 (2022): 132. https://doi.org/10.1186/s12974-022-02492-0; Karol Ramirez, Jaime Fornaguera-Trías, John F. Sheridan, «Stress-Induced Microglia Activation and Monocyte Trafficking to the Brain Underlie the Development of Anxiety and Depression», *Inflammation-Associated Depression: Evidence, Mechanisms, and Implications* (2017): 155-172. doi: 10.1007/7854_2016_25. PMID: 27352390; Michael R. Irwin, «Sleep and inflammation: Partners in Sickness and in Health», *Nature Reviews Immunology,* vol. 19, n.º 11 (2019): 702-715 doi: 10.1038/s41577-019-0190-z; Xiang Zhang, *et al.,* «Activated Brain Mast Cells Contribute to Postoperative Cognitive Dysfunction by Evoking Microglia Activation and Neuronal Apoptosis», *Journal of Neuroinflammation,* vol. 13, n.º 1 (2016): 1-15. https://doi.org/10.1186/s12974-016-0592-9; Xiaofeng Zhao, *et al.,* «Noninflammatory Changes of Microglia are Sufficient to Cause Epilepsy», *Cell Reports,* vol. 22, n.º 8 (2018): 2080-2093. doi: 10.1016/j.celrep.2018.02.004. PMID: 29466735; PMCID: PMC5880308; Wolfgang J. Streit, Kelly R. Miller, Kryslaine O. Lopes, Emalick Njie, «Microglial Degeneration in the Aging Brain–Bad News for Neurons», *Frontiers in Bioscience,* vol. 13 (2008): 3423-3438. https://doi.org/10.2741/2937

14. Lil Qui, *et al.,* «Macrophages at the Crossroad of Meta-Inflammation and Inflammaging», *Genes,* vol. 13, n.º 11 (2022): 2074. doi: 10.3390/genes13112074. PMID: 36360310; PMCID: PMC9690997.

forma anormal. La alteración de la función microglial puede conducir a una mayor o menor susceptibilidad a futuros cambios de inflamación y puede afectar significativamente a la sinaptogénesis y la poda sináptica.[15]

En cuanto a los efectos intrauterinos, los estudios han demostrado que exponer a las hembras a fuertes desencadenantes de inflamación, como el LPS, el ácido poliinosínico- policitidílico (poli I:C), una obesidad importante e incluso una alteración grave del sueño durante las primeras fases del embarazo altera el neurodesarrollo orquestado por la microglía. El laboratorio de la profesora Marie-Ève Tremblay, de la Universidad de Victoria, en la Columbia Británica, ha estudiado ampliamente estos modelos animales, describiendo el comportamiento disfuncional y la bioquímica de la microglía alterada. Han catalogado cómo la disfunción microglial conduce a un desarrollo estructural alterado a gran escala, a una sinaptogénesis alterada y a una poda agresiva que, en conjunto, conducen a una conectividad reducida entre diversas regiones del cerebro y a una densidad reducida de sinapsis. Éstas son características patológicas observadas en pacientes con esquizofrenia.[16]

---

15. Cynthia M. Solek, *et al.*, «Maternal Immune Activation in Neurodevelopmental Disorders», *Developmental Dynamics,* vol. 247, n.º 4 (2018): 588-619. doi: 10.3389/fnins.2023.1135559. PMID: 37123361; PMCID: PMC10133487; Irene Knuesel, *et al.*, «Maternal Immune Activation and Abnormal Brain Development Across CNS Disorders», *Nature Reviews Neurology,* vol. 10, n.º 11 (2014): 643-660. https://doi.org/10.1038/nrneurol.2014.187; Marianela E. Traetta; Marie-Ève Tremblay, «Prenatal Inflammation Shapes Microglial Immune Response into Adulthood», *Trends in Immunology* (2022). doi: 10.1016/j.it.2022.10.009. Epub 2022 Nov 7. PMID: 36357264; Kana Ozaki, *et al.*, «Maternal Immune Activation Induces Sustained Changes in Fetal Microglia Motility», *Scientific Reports,* vol. 10, n.º 1 (2020): 21378. https://doi.org/10.1038/s41598-020-78294-2

16. Marianela E. Traetta; Marie-Ève Tremblay, «Prenatal Inflammation Shapes Microglial Immune Response into Adulthood», *Trends in Immunology* (2022). doi: 10.1016/j.it.2022.10.009. Epub 2022 Nov 7. PMID: 36357264; Sophia M. Loewen, *et al.*, «The Outcomes of Maternal Immune Activation Induced with the Viral Mimetic Poly I: C on Microglia in Exposed Rodent Offspring», *Developmental Neuroscience* (2023). doi: 10.1159/000530185. Epub 2023 Mar 21. PMID: 36944325; Maude Bordeleau, Lourdes Fernández de Cossio, M. Mallar Chakravarty, Marie-Ève Tremblay, «From Maternal Diet to Neurodevelopmental Disorders: A Story of Neuroinflammation», *Frontiers in Cellular Neuroscience,* vol. 14 (2021): 612705. doi: 10.3389/fncel.2020.612705. PMID: 33536875;

Los modelos animales con esta patología también presentan comportamientos paralelos a la esquizofrenia humana como dificultad de socialización, dificultades de aprendizaje y procesamiento alterado de la información sensorial. Los estudios epidemiológicos han mostrado correlaciones entre las infecciones maternas prenatales y la esquizofrenia en la descendencia humana. Las investigaciones sobre la expresión de citoquinas en el sistema nervioso central (SNC) muestran niveles más elevados de señalización inflamatoria, coherentes con una microglía cebada y/o disfuncional. Concretamente, en 2010, Alan Brown y Elena Derkits publicaron un artículo que mostraba los efectos de las infecciones maternas en la posterior esquizofrenia de los hijos. Su conclusión era sencilla: «La exposición prenatal a infecciones desempeña un papel en la etiología de la esquizofrenia». Un estudio similar realizado en 2014 por Canetta y sus colegas[17] investigó los historiales de casi ochocientos pacientes de esquizofrenia, junto con controles emparejados, a los que se tomaron mediciones de la proteína C reactiva[18] materna durante el embarazo. Este estudio mostró un riesgo

PMCID: PMC7849357; Tara C. Delorme, William Ozell-Landry, Nicolas Cermakian, Lalit K. Srivastava, «Behavioral and Cellular Responses to Circadian Disruption and Prenatal Immune Activation in Mice», *Scientific Reports*, vol. 13, n.º 1 (2023): 7791. doi: https://doi.org/10.1038/s41598-023-34363-w; Marek Kubicki, Robert W. McCarley, Martha E. Shenton, «Evidence for White Matter Abnormalities in Schizophrenia», *Current Opinion in Psychiatry*, vol. 18, n.º 2 (2005): 121. doi: 10.1097/00001504-200503000-00004. PMID: 16639164; PMCID: PMC2768599.

17. Alan S. Brown, «Epidemiologic Studies of Exposure to Prenatal Infection and Risk of Schizophrenia and Autism», *Developmental Neurobiology*, vol. 72, n.º 10 (2012): 1272-1276. doi: 10.1002/dneu.22024. Epub 2012 Aug 23. PMID: 22488761; PMCID: PMC3435457; Alan S. Brown, Elena J. Derkits, «Prenatal Infection and Schizophrenia: A Review of Epidemiologic and Translational Studies», *American Journal of Psychiatry*, vol. 167, n.º 3 (2010): 261-280. doi: 10.1176/appi.ajp.2009.09030361. Epub 2010 Feb 1. PMID: 20123911; PMCID: PMC3652286; Sarah Canetta, *et al.*, «Elevated Maternal C-Reactive Protein and Increased Risk of Schizophrenia in a National Birth Cohort», *American Journal of Psychiatry*, vol. 171, n.º 9 (2014): 960-968. doi: 10.1176/appi.ajp.2014.13121579. PMID: 24969261; PMCID: PMC4159178.

18. La proteína C reactiva, o PCR, es una molécula producida en el hígado durante los acontecimientos inflamatorios. Su presencia en la circulación y, más concre-

elevado y estadísticamente significativo de esquizofrenia asociado a la activación inmunitaria materna.

Lo más interesante es que la microglía examinada de los cerebros de individuos esquizofrénicos muestra la morfología alterada y el color asociado a la inflamación (y mitocondrias disfuncionales).

La profesora Tremblay y su equipo también han caracterizado modelos animales de disfunción microglial en etapas posteriores del neurodesarrollo intrauterino.[19] En esta versión del modelo, las consecuencias parecen diferentes. (El paralelismo humano parece ser desde el final de la gestación hasta los primeros años postnatales; es decir, desde el tercer trimestre del embarazo hasta aproximadamente los cinco años de edad). La disfunción microglial desencadenada en esta etapa muestra una poda sináptica inadecuada, dejando una densidad correspondientemente mayor, o una red de sinapsis sobreconectada. La descendencia de estos modelos animales presenta dificultades cognitivas y de aprendizaje similares a las de la esquizofrenia (aunque, curiosamente, a veces incluso más incapacitantes). Los demás rasgos patológicos, sin embargo, se ajustan más al trastorno del espectro autista (TEA). Es decir, la conectividad excesiva causada por una poda insuficiente conduce a una incapacidad para filtrar o suprimir la actividad neuronal, que son características distintivas del autismo. Las pruebas de que esta patología, o una similar, impulsa el TEA en humanos son sólidas. Un estudio de 2010 publicado por Atladóttir y sus colegas, analizó diez mil diagnósticos de autismo entre 1,6 millones de nacimientos daneses. El estudio reveló que las infecciones víricas y bacterianas maternas estaban asociadas a tasas más elevadas de TEA. Del mismo modo, un trabajo de 2021 de López-Aranda informó sobre un análisis de datos de 150 mi-

---

tamente, su elevación por encima de un nivel basal, se asocia a la inflamación aguda y crónica. La elevación de la PCR se asocia a muchas enfermedades, desde la obesidad y la inflamación metabólica hasta el cáncer y las cardiopatías. En el contexto actual de la disfunción del neurodesarrollo, la presencia de PCR elevada es un sustituto de la inflamación elevada. *(N. del A.)*.

19. Elisa Guma, *et al.*, «Differential Effects of Early or Late Exposure to Prenatal Maternal Immune Activation on Mouse Embryonic Neurodevelopment», *Proceedings of the National Academy of Sciences,* vol. 119, n.º 12 (2022): e2114545119. doi: https://doi.org/10.1073/pnas.2114545119

llones de estadounidenses, incluidos más de 3,5 millones de niños.[20] Identificaron una asociación significativa entre los diagnósticos de TEA, especialmente entre los varones, posteriores a las hospitalizaciones por infecciones durante los primeros cuatro años de vida. Parece que una fuerte activación inmunitaria, ya sea en el útero (activación inmunitaria materna [AIM]) o durante la primera infancia, aumenta el riesgo de TEA, especialmente en los varones. El trastorno bipolar y el trastorno por déficit de atención con hiperactividad (TDAH) son también trastornos del neurodesarrollo y ambos se han asociado también a la activación inmunitaria materna. En 2013, Alan Brown y sus colegas publicaron los resultados de un estudio epidemiológico que abarcaba el gran grupo de pacientes con depresión bipolar cuyos antecedentes familiares también estaban disponibles en el sistema Kaiser Permanente de California.[21] Ese estudio reveló que el trastorno bipolar tenía casi cuatro veces más probabilidades de aparecer entre los hijos adultos de madres que habían padecido gripe durante el embarazo que entre las futuras madres que no habían contraído la infección vírica.

Del mismo modo, en los últimos años se han publicado múltiples estudios que demuestran que el TDAH es más probable en hijos de madres con enfermedades autoinmunitarias, autoinflamatorias y metabólicas inflamatorias, como la obesidad y la diabetes. Concretamente, en 2021, Nielsen y sus colegas comunicaron los resultados de una cohorte de más de 63.000 niños. Descubrieron tasas más altas de TDAH entre los niños cuyas madres tenían diabetes tipo 1, cualquier enfermedad autoinmunitaria (incluidos trastornos reumáticos y psoriasis) e hi-

20. Hjördis Ó. Atladóttir, *et al.*, «Maternal Infection Requiring Hospitalization during Pregnancy and Autism Spectrum Disorders», *Journal of Autism and Developmental Disorders,* vol. 40 (2010): 1423-1430. doi: 10.1007/s10803-010-1006-y. PMID: 20414802; Manuel F. López-Aranda, *et al.*, «Postnatal Immune Activation Causes Social Deficits in a Mouse Model of Tuberous Sclerosis: Role of Microglia and Clinical Implications», *Science Advances,* vol. 7, n.º 38 (2021): eabf2073. doi: 10.1126/sciadv.abf2073. Epub 2021 Sep 17. PMID: 34533985; PMCID: PMC8448451.

21. Parboosing, Raveen, Yuanyuan Bao, Ling Shen, Catherine A. Schaefer, Alan S. Brown, «Gestational Influenza and Bipolar Disorder in Adult Offspring», *JAMA Psychiatry,* vol. 70, n.º 7 (2013): 677-685. doi: 10.1001/jamapsychiatry.2013.896.

pertiroidismo. Este estudio siguió a las conclusiones de un estudio de 2017 publicado por Instanes y otros[22] en el que se comparaba a más de medio millón de consumidores de medicación para el TDAH con un grupo de control de más de cincuenta millones. Descubrieron que los hijos con TDAH tenían más probabilidades de tener madres con enfermedades autoinmunitarias periféricas y del sistema nervioso central, diabetes tipo 1, asma e hipotiroidismo. Curiosamente, estos hallazgos no cambiaron cuando se tuvieron en cuenta los cofactores típicos, como el peso del bebé al nacer y el parto prematuro, ni tampoco con el diagnóstico de TDAH en uno de los progenitores.

En 2019, Dunn y sus colegas realizaron un análisis del TDAH y la posible causa subyacente a la enfermedad. En sus palabras:

La exposición prenatal a la inflamación se asocia a cambios en el desarrollo cerebral de la descendencia, incluida la reducción del volumen de materia gris cortical y del volumen de determinadas áreas corticales, lo que coincide con las observaciones asociadas al TDAH. En las poblaciones con TDAH se observan alteraciones en los sistemas de neurotransmisores, incluidos los sistemas dopaminérgico, serotoninérgico y glutamatérgico. Los modelos animales proporcionan pruebas sólidas de que el desarrollo y la función de estos sistemas de neurotransmisores son sensibles a la exposición a procesos inflamatorios intrauterinos. En resumen, las pruebas acumuladas de diversos estudios en humanos y modelos animales, aunque todavía incompletas, apoyan un papel potencial de la neuroinflamación en la fisiopatología del TDAH.[23]

22. Timothy C. Nielsen, *et al.*, «Association of Maternal Autoimmune Disease with Attention-Deficit/Hyperactivity Disorder in Children», *JAMA Pediatrics,* vol. 175, n.º 3 (2021): e205487. doi: 10.1001/jamapediatrics.2020.5487. Epub 2021 Mar 1. PMID: 33464287; PMCID: PMC7816116; Johanne T. Instanes, *et al.*, «Attention-Deficit/Hyperactivity Disorder in Offspring of Mothers with Inflammatory and Immune System Diseases», *Biological Psychiatry,* vol. 81, n.º 5 (2017): 452-459. doi: 10.1016/j.biopsych.2015.11.024. Epub 2015 Dec 9. PMID: 26809250.
23. Geoffrey A. Dunn, Joel T. Nigg, Elinor L. Sullivan, «Neuroinflammation as a Risk Factor for Attention Deficit Hyperactivity Disorder», *Pharmacology Biochemistry and Behavior,* vol. 182 (2019): 22-34. doi: 10.1016/j.pbb.2019.05.005.

Haciendo un rápido inventario del cuadro evolutivo del neurodesarrollo, las funciones de la microglía son numerosas e importantes. Se infiltran en el sistema nervioso central antes incluso de que pueda llamarse sistema nervioso. Desempeñan un papel protagonista en cada paso de la construcción del cerebro, desde la neurogénesis y la conectividad, hasta la construcción de la red de vasos sanguíneos y el control de la proliferación y el funcionamiento de las células de apoyo. Sus funciones críticas se ven alteradas por la exposición a la inflamación o a desencadenantes proinflamatorios y los cambios resultantes pueden provocar alteraciones estructurales y de la conectividad asociadas a trastornos del neurodesarrollo y neuropsiquiátricos. Los investigadores consideran que garantizar que la microglía permanezca en un estado no inflamatorio es un paso de importancia crucial para un neurodesarrollo adecuado.

Esto es cierto desde la gestación hasta la infancia, e incluso hasta la adolescencia, ya que hay mucho neurodesarrollo que continúa a través de estas etapas del desarrollo físico.

Como escribió Paul Patterson hace más de una década, las consecuencias de la activación inmunitaria materna (es decir, la inflamación sistémica) durante el embarazo sugieren firmemente que se tomen medidas para reducir la inflamación.[24] La expectativa es que hacerlo puede limitar los riesgos de problemas de neurodesarrollo intrauterino.

¿Cómo podemos hacer eso?

Se ha demostrado que los agentes farmacéuticos, como el antibiótico de clase tetraciclina, la minociclina, que tiene la capacidad de atravesar la barrera hematoencefálica, influyen en la microglía para reorientarla hacia un estado antiinflamatorio y pueden ser beneficiosos. De hecho, en 2019, Megumi Andoh, de la Universidad de Tokio, publicó un capítulo de un libro en el que analizaba los diversos estudios (tanto en animales como en humanos) en los que se utilizaban agentes farmacéuticos conocidos por sus efectos sobre la microglía y, en

Epub 2019 May 16. PMID: 31103523; PMCID: PMC6855401.

24. Paul H. Patterson, «Maternal Infection and Immune Involvement in Autism», *Trends in Molecular Medicine*, vol. 17, n.º 7 (2011): 389-394. doi: 10.1016/j.molmed.2011.03.001. Epub 2011 Apr 7. PMID: 21482187; PMCID: PMC3135697.

general, descubrió que los efectos de estos agentes en humanos con autismo eran la disminución de la expresión de citoquinas, la disminución del comportamiento repetitivo, la hiperactividad y la irritabilidad, así como el aumento o la mejora de las interacciones sociales y la comunicación verbal.[25]

Se trata de perspectivas prometedoras y sugieren claramente que existe un importante papel en la reducción de la activación microglial para prevenir los trastornos del neurodesarrollo. Como veremos, estas posibles terapias protectoras incluyen fármacos, como la minociclina, y neuromodulación, como la estimulación del nervio vago. Dado que la incidencia del TEA ha aumentado entre los niños varones hasta 1 de cada 30 nacimientos, frente a 1 de cada 5.000 en fecha tan reciente como 1990, la urgencia de encontrar una prevención es tan fuerte como cualquier otra mejora.

Del mismo modo, el TDAH se observa ahora en más del 7 % de los niños, y (junto con el trastorno bipolar) presenta tasas aún más elevadas entre los hijos de madres obesas, hipertensas y/o mayores de cuarenta años en el momento del parto. Por aterradoras que sean estas cuestiones, los retos sociales de la esquizofrenia, que van desde la falta de vivienda a la violencia masiva, son apocalípticos. La promesa de una terapia que pudiera administrarse de forma segura y durante un período de tiempo prolongado (a través de la madre durante el embarazo y desde el nacimiento hasta los cinco años, por ejemplo) y que pudiera reducir la alteración de la microglía durante el desarrollo es evidente que merecería la pena.

Lamentablemente, son pocos, o ninguno, los estudios que han probado la hipótesis de que las terapias antiinflamatorias puedan prevenir los retos del neurodesarrollo durante el embarazo o en los primeros años de vida.

Sin embargo, en 2023, el laboratorio de la profesora Tremblay inició uno de estos estudios utilizando la estimulación no invasiva del

25. Megumi Andoh, Yuji Ikegaya, Ryuta Koyama, «Microglia as Possible Therapeutic Targets for Autism Spectrum Disorders», *Progress in Molecular Biology and Translational Science,* vol. 167 (2019): 223-245. doi: 10.1016/bs.pmbts.2019.06.012. Epub 2019 Jul 11. PMID: 31601405.

nervio vago (nVNS) para activar el cerebro-CAP como posible protección contra la esquizofrenia y el autismo inducidos por la activación inmunitaria materna en sus modelos animales. En una rama separada de este estudio, se está aplicando VNS a una cohorte de crías para probar el potencial de detener y posiblemente invertir las consecuencias de la activación inmunitaria materna. Aunque es demasiado pronto para saberlo, los resultados de este estudio pueden ser revolucionarios.

OPTIMIZACIÓN DEL NEURODESARROLLO

Como acabamos de describir, la inflamación grave y/o crónica puede alterar las funciones de la microglía y causar problemas de neurodesarrollo. Pero cierto nivel de inflamación es inevitable en un embarazo normal y, sin duda, los niños pequeños tienen problemas inflamatorios, desde cortes y rasguños hasta infecciones (e incluso por el régimen de vacunaciones al que se someten). La pregunta natural que surge, por tanto, es la siguiente: ¿Qué nivel de inflamación y distracción microglial es tolerable y no interfiere en el neurodesarrollo?

Por desgracia, la respuesta parece ser que toda inflamación repercute negativamente en el neurodesarrollo. Es decir, toda situación de inflamación conduce a una cierta distracción de la microglía y, por tanto, a un cierto nivel de neurodesarrollo subóptimo.

¿Quién no quiere un cociente intelectual más alto? Y si no es para ti, para tus hijos… y si no es para tus hijos, ¿qué tal para tu asesor financiero, abogado, cirujano o socios comerciales?

Hay pruebas sólidas de que al menos algún componente de la inteligencia es genético. Esta suposición plantea las siguientes preguntas: ¿Cuáles son los genes que codifican la inteligencia? y, ¿qué modulan realmente?

Es posible que un científico chino llamado He Jiankui haya realizado inadvertidamente un ensayo que permite vislumbrar su funcionamiento interno y, efectivamente, tiene que ver con el control de la inflamación. En una violación ampliamente criticada de la ética científica médica, Jiankui y sus colegas utilizaron la tecnología CRISPER para eliminar un receptor inmunitario específico llamado CCR5 en embriones humanos.[26]

¿Por qué eligió Jiankui el CCR5 como objetivo? Bueno, hay dos cosas muy importantes que debes saber sobre el CCR5. La primera es que este receptor es la llave que utiliza el VIH para abrir la puerta celular y entrar en las células inmunitarias (células T). (Al parecer, Jiankui y su equipo intentaban crear seres humanos inmunes al VIH, lo que no es un objetivo tan nefasto como criar supergéneros genéticamente alterados. Aun así, era muy poco ético). Lo segundo importante que hay que saber sobre el CCR5 es que el objetivo principal del receptor es promover la inflamación.

¿Cómo, te estarás preguntando, se relaciona esto con la inteligencia? Resulta que, en 2016, un grupo de científicos publicó un estudio[27] en el que habían suprimido 140 genes distintos de ratones, de uno en uno, para averiguar si alguno tenía algún efecto sobre la inteligencia de ellos. Lo que descubrieron fue que la supresión del CCR5 proporcionaba a los ratones mejor memoria. La memoria es una parte importante del aprendizaje y éste, a su vez, es una parte importante de la inteligencia. Investigaciones posteriores descubrieron que algunas personas tienen deleciones naturales de CCR5 y parece que obtienen algunos beneficios, como una recuperación más rápida de los accidentes cerebrovasculares… ¡y son más inteligentes!

Espera, ¿qué quieres decir con más inteligente? Al igual que los ratones del estudio de la encuesta, la falta de un gen CCR5 mejora la memoria, el aprendizaje y el recuerdo. Los hechos parecen respaldar la conclusión de que las personas con receptores CCR5 defectuosos son mejores en la escuela, aprenden material difícil con más facilidad,

26. Marilynn Marchione, «Chinese Researcher Claims First Gene-Edited Babies», *AP News,* November 16, 2018, https://apnews.com/article/aptop-news-international-news-ca-state-wire-genetic-frontiers-health4997bb7aa36c45449b488e19ac83e86d; Antonio Regalado, «Chinese Scientists Are Creating CRISPR Babies», *MIT Technology Review,* November 25, 2018, www.technologyreview.com/2018/11/25/138962/exclusive-chinese-scientists-are-creating-crispr-babies/
27. Miou Zhou, *et al.*, «CCR5 is a Suppressor for Cortical Plasticity and Hippocampal Learning and Memory», *Elife,* vol. 5 (2016): e20985. doi: 10.7554/eLife.20985. PMID: 27996938; PMCID: PMC5213777.

lo recuerdan durante más tiempo, lo aplican con más eficacia y obtienen mejores resultados en trabajos que dependen más de la inteligencia. Estas ventajas les hacen más capaces de ganar más dinero, más aptos para llevar una vida más sana y vivir más tiempo.

Esto llevó a la revista *Technology Review* del MIT a titular su artículo de 2019 (citado anteriormente) sobre el experimento chino: «Los gemelos CRISPER de China podrían haber visto sus cerebros mejorados inadvertidamente».

Una vez más, todo esto es muy coherente con la conclusión de que la inflamación, que altera la microglía, causa ineficiencias en el neurodesarrollo y resulta en un intelecto menos óptimo.

Si cualquier activación inflamatoria de la microglía interrumpe el neurodesarrollo, al menos hasta cierto punto, entonces todos hemos experimentado el neurodesarrollo en un entorno que no es óptimo.

Optimizar el neurodesarrollo, o permitir que una persona alcance todo su potencial, no es algo malo, pero, aunque lo sancionara un comité de revisión ética y se demostrara que es seguro en interminables estudios con animales, sospecho que la mayoría de la gente no se plantearía alterar genéticamente a sus hijos en el útero utilizando la tecnología CRISPER para nada que no fuera un tratamiento para salvarles la vida. Sin embargo, aunque pueda sonar como el argumento de un episodio de Star Trek, sospecho que muy pocas personas considerarían éticamente cuestionable minimizar la inflamación materna durante el embarazo y para un niño durante los primeros años de su desarrollo.

MEJORA COGNITIVA CON LA ESTIMULACIÓN DEL NERVIO VAGO

Resulta tentador comprobar que existen numerosas pruebas de que la respuesta es afirmativa. Por ejemplo, en adultos con trastorno de estrés postraumático (TEPT), un estudio reciente dirigido por el Dr. Doug Bremner reveló la capacidad de aprender y recordar material a un ritmo significativamente mejor (casi el doble) entre una cohorte que utilizaba un dispositivo no invasivo de estimulación del nervio vago (nVNS), en comparación con sujetos que utilizaban un dispositivo simulado.[28]

Del mismo modo, los estudios que analizaron las funciones cognitivas en pacientes que habían recibido dispositivos de VNS implantados para la depresión resistente a los fármacos, informaron de mejoras en múltiples aspectos de la función cognitiva. En uno de estos estudios, Véronique Jodoin, de la Universidad de Quebec, demostró que la estimulación del nervio vago (VNS) mejoraba el aprendizaje y la memoria al mes de iniciar el tratamiento de la depresión y que los beneficios se mantenían durante al menos dos años.[29]

En un interesante estudio que intentaba identificar las formas en que la VNS ejercía sus efectos de mejora cognitiva, los investigadores descubrieron que la terapia aumentaba la conectividad entre el estado por defecto y las redes ejecutivas.[30] Éstas son las redes que, junto con la red de saliencia que transmite la información entre ellas, están asociadas con la creatividad. Estos hallazgos proporcionan apoyo desde el punto de vista anatómico a la estimulación del nervio vago como activador de la creatividad.

Estos estudios previos se realizaron en pacientes con depresión. Más recientemente, el estudio de los beneficios cognitivos asociados a la VNS pasó de ser un curioso efecto secundario a un uso primario en individuos normales sanos. En concreto, los datos publicados por Andrew McKinley y Lindsey McIntire mostraron una mejora cognitiva significativa entre voluntarios normales sanos sometidos a estrés por

28. Tilendra Choudhary, *et al.*, «Effect of Transcutaneous Cervical Vagus Nerve Stimulation on Declarative and Working Memory in Patients with Posttraumatic Stress Disorder (PTSD): A Pilot Study», *Journal of Affective Disorders,* vol. 339 (2023): 418-425. doi: 10.1016/j.jad.2023.07.025. Epub 2023 Jul 12. PMID: 37442455.

29. Véronique Desbeaumes Jodoin, *et al.*, «Long-Term Sustained Cognitive Benefits of Vagus Nerve Stimulation in Refractory Depression», *The Journal of ECT,* vol. 34, n.º 4 (2018): 283-290. doi: 10.1097/YCT.0000000000000502. PMID: 29870432.

30. Chun-Hong Liu, *et al.*, «Neural Networks and the Anti-Inflammatory Effect of Transcutaneous Auricular Vagus Nerve Stimulation in Depression», *Journal of Neuroinflammation,* vol. 17, n.º 1 (2020): 1-11. doi: https://doi.org/10.1186/s12974-020-01732-5

privación de sueño. El estudio reveló que la estimulación no invasiva del nervio vago permitió a los voluntarios responder correctamente a preguntas inmediatamente después de un período inicial de aprendizaje con privación de sueño y, de nuevo, días e incluso semanas después. Los trabajos posteriores sobre el aprendizaje de lenguas extranjeras y las aplicaciones de las relaciones espaciales han seguido aportando pruebas de que la estimulación no invasiva del nervio vago puede proporcionar una mejora cognitiva en adultos.[31]

Pero ¿qué ocurre con los niños? Los estudios en niños con epilepsia tratados con dispositivos de VNS implantados han demostrado una mejora de la capacidad cognitiva, incluida la capacidad verbal.[32]

Parece que se acumulan los datos de que la VNS, con su capacidad de hacer que la microglía pase de un modo inflamatorio a un estado de mantenimiento, no sólo reduce la disfunción cognitiva asociada a otras afecciones médicas, sino que parece optimizar el neurodesarrollo en curso en el hipocampo, mejorando el aprendizaje y el recuerdo. Reducir la inflamación en los niños que están experimentando un neurodesarrollo masivo debería significar optimizar el desarrollo neurológico.

EL CEREBRO ADULTO

---

31. Andy McKinley McIntire, Chuck Goodyear, John P. McIntire, Rebecca D. Brown, «Cervical Transcutaneous Vagal Nerve Stimulation (Ctvns) Improves Human Cognitive Performance under Sleep Deprivation Stress», *Communications Biology,* vol. 4, n.º 1 (2021): 634. https://doi.org/10.1038/s42003-021-02145-7; Toshiya Miyatsu, *et al.*, «Transcutaneous Cervical Vagus Nerve Stimulation Enhances Second-Language Vocabulary Acquisition While Simultaneously Mitigating Fatigue and Promoting Focus (P2-12.002)», *Neurology,* vol. 100 (2023) doi: 10.1212/WNL.0000000000201931; Lindsey McIntire, Andy McKinley, Melissa Key, «Cervical Transcutaneous Vagal Nerve Stimulation to Improve Mission Qualification Training for an AFSOC Full Motion Video/Geospatial Analysis Squadron», *Brain Stimulation: Basic, Translational, and Clinical Research in Neuromodulation,* vol. 16, n.º 1 (2023): 229. www.brainstimjrnl.com/article/S1935-861X(23)00340-6/fulltext
32. Ann Mertens, *et al.*, «The Potential of Invasive and Non-Invasive Vagus Nerve Stimulation to Improve Verbal Memory Performance in Epilepsy Patients», *Scientific Reports,* vol. 12, n.º 1 (2022): 1984. doi: 10.1038/s41598-022-05842-3. PMID: 35132096; PMCID: PMC8821667.

Considerando la descripción de cómo se desarrollan los cerebros, es comprensible que muchas funciones importantes se hayan aprendido o no y, por tanto, estén efectivamente asimiladas en la edad adulta. Por eso nunca olvidas cómo montar en bici si lo aprendiste de niño, pero aprender a montar en bici de adulto es prácticamente imposible. Sin embargo, la neurogénesis y la sinaptogénesis continuas en zonas clave como, por ejemplo, el hipocampo, requieren la participación y la gestión de la microglía al igual que en el neurodesarrollo. Es decir, las células progenitoras neurales hacen que nazcan nuevas neuronas, reguladas por la liberación de factores de crecimiento y diferenciación y estas neuronas deben ser dirigidas para que migren a los lugares apropiados. Esta migración puede ser un reto en la densa estructura ya presente, lo que provoca que más del 90 % de las nuevas neuronas se autodestruyan (un proceso denominado apoptosis). De la eliminación de estas células muertas se encargan las células microgliales en su modalidad antiinflamatoria normal de eliminación de residuos, o eferocitosis.

¡Eso es mucho trabajo para la microglía! Sin embargo, es sólo la punta del iceberg en lo que se refiere a las tareas de la microglía. Su control de la señalización inflamatoria influye en el estado de ánimo, el sueño adecuado, las percepciones y respuestas al dolor, y gestionan los cambios en el nivel de oxigenación, la eliminación de toxinas, la movilización de hierro y otros oligoelementos, así como la eliminación y sustitución de mitocondrias disfuncionales dentro de las neuronas de la red. La microglía interviene en casi todas las actividades que tienen lugar en el cerebro. Por tanto, por razones obvias, la disfunción de la microglía puede tener importantes repercusiones negativas en la salud mental y física.

COMPRENDER LA DEPRESIÓN

El trastorno depresivo mayor (TDM) y la ansiedad son dos de las afecciones médicas más prevalentes en el mundo moderno. Según el Instituto Nacional de Salud Mental, uno de cada doce adultos de Estados Unidos sufre depresión en un año determinado, y entre la categoría más joven de dieciocho a veinticinco años, ¡la tasa es de más de uno de cada seis! Los trastornos de ansiedad, el trastorno obsesivo compulsivo y los trastornos de ansiedad social y general afectan anualmente a casi el 20 % de la población de Estados Unidos, y un asombroso 31 % de la población adulta experimenta episodios de un trastorno de ansiedad clínicamente diagnosticable a lo largo de su vida. El trastorno de estrés postraumático (TEPT) es una categoría propia y afecta a otro casi 5 % de la población.[33]

Desde los años 50 y 60 hasta hoy, ha habido una apreciación, que roza la obsesión, del papel que desempeñan los desequilibrios de los neurotransmisores en relación con estos dos trastornos. Para ser sinceros, hay que decir que los niveles más bajos de serotonina observados en los pacientes deprimidos significan que se libera menos serotonina y que los niveles más bajos del neurotransmisor permanecen en la sinapsis el tiempo suficiente para ser eficaces. Todavía hoy se debate si la depresión está causada por esta falta de serotonina. Los partidarios de esta línea de pensamiento la denominan Teoría de las Monoaminas.[34] Esta teoría ha conducido al desarrollo de una serie de fármacos, como los inhibidores de la monoaminooxidasa (IMAO), los antidepresivos tricíclicos y los inhibidores selectivos de la recaptación de serotonina (ISRS), los cuales todos tienen propiedades para aliviar la depresión. Esta última clase de fármacos incluye algunos de los medicamentos más recetados en EE. UU. y en el mundo, entre los que se encuentran marcas tan populares como Paxil, Celexa, Lexapro, Zoloft y Prozac. Estos fármacos se basan en la teoría de las monoaminas; los IMAO bloquean la degradación de los neurotransmisores y los ISRS actúan

33. National Institute of Mental Health, «Major Depression», NIMH, Last updated July 2023, www.nimh.nih.gov/health/statistics/major-depression; www.nimh.nih.gov/health/publications/espanol/depresion-sp; National Institute of Mental Health, «Any Anxiety Disorder», NIMH, consultado el 16 de octubre, 2023, www.nimh.nih.gov/health/statistics/any-anxiety-disorder#part_2576; National institute of Mental Health, «Trastorno por estrés postraumático (PTSD)», NIMH, consultado el 18 de octubre, 2023, www.nimh.nih.gov/health/publications/espanol/trastorno-por-estres-postraumatico www.nimh.nih.gov/health/statistics/post-traumatic-stress-disorder-ptsd

34. Shai Mulinari, «Monoamine Theories of Depression: Historical Impact on Biomedical Research», *Journal of the History of the Neurosciences,* vol. 21, n.º 4 (2012): 366-392. doi: https://doi.org/10.1080/0964704X.2011.623917

sobre los mecanismos de recaptación para que la serotonina disponible permanezca más tiempo en la sinapsis.

A título informativo para el debate que sigue, la serotonina se descubrió en el contexto de la motilidad intestinal y, a menudo, se afirma que el 90 % de la serotonina del cuerpo es producida por el intestino, en conjunción con el microbioma sano que se encuentra en él. De hecho, la serotonina es producida por casi todas las células del cuerpo y por casi todos los organismos de la Tierra. Sin embargo, la liberación de serotonina de la célula, ya sea como neurotransmisor (por las neuronas), como coordinador de la coagulación (plaquetas) o como regulador del crecimiento de las glándulas mamarias, está reservada a células específicas. En el contexto del sistema nervioso central, la serotonina también se conoce como el neurotransmisor del bienestar, ya que participa en el mantenimiento del estado de ánimo y en la inhibición de la señalización del dolor a través de una de las dos vías primarias de inhibición descendente (junto con el GABA).[35] Entre los medicamentos dirigidos a los receptores de serotonina asociados a la modulación del dolor (y a la regulación del tono vascular) se incluyen los triptanes para el dolor de cabeza (analizados más adelante en este capítulo). Asimismo, como hemos comentado en el párrafo anterior, los medicamentos dirigidos a los mecanismos de recaptación de la serotonina, denominados inhibidores de la recaptación, se utilizan para tratar la depresión.

El problema es que, aunque muchos de estos inhibidores de la recaptación de serotonina (ISRS) son eficaces durante cierto tiempo, sus beneficios para mejorar el estado de ánimo se desvanecen (mientras que sus efectos secundarios no lo hacen).[36] Para comprender por qué

---

35. Irvine H. Page, «Serotonin», *Scientific American,* vol. 197, n.º 6 (1957): 52-57. www.jstor.org/stable/24941995; Mikwang Kwon, Murat Altin, Hector Duenas, Levent Alev, «The Role of Descending Inhibitory Pathways on Chronic Pain Modulation and Clinical Implications», *Pain Practice,* vol. 14, n.º 7 (2014): 656-667.

36. John Ioannidis, «Effectiveness of Antidepressants: An Evidence Myth Constructed from a Thousand Randomized Trials?», *Philosophy, Ethics, and Humanities in Medicine,* vol. 3, n.º 1 (2008): 1-9. doi: 10.1186/1747-5341-3-14. PMID: 18505564; PMCID: PMC2412901; John Walkup, Michael Labellarte, «Com-

puede ocurrir esto, tenemos que profundizar en el qué, dónde, cómo y por qué del metabolismo de la serotonina. Como ya habrás adivinado, la historia tiene que ver con la microglía.

EL PAPEL DE LA INFLAMACIÓN EN EL COMPORTAMIENTO ENFERMO

La microglía influye tanto en la síntesis de serotonina como en su mecanismo de recaptación, ambos factores esenciales para la salud del cerebro, que pueden verse alterados por la inflamación. Para comprender cómo regula el sistema inmunitario la serotonina, y por qué, es necesario sumergirse (brevemente) en la química de la síntesis de serotonina. El aminoácido triptófano se convierte en serotonina mediante un proceso de dos pasos que incluye la acción de dos enzimas.[37] En presencia de citoquinas inflamatorias (como TNF-α, IL-1 e IFN-), aumenta (se regula) la producción de otra enzima llamada indolamina 2,3-dioxigenasa (IDO).[38] Esto altera, o al menos reduce, la síntesis de serotonina, lo que tiene una serie de consecuencias negativas.

¿Cuál es el fundamento evolutivo de que la inflamación regule al alza la enzima IDO? Desde su descubrimiento en los años 60 hasta finales de los 90, se creía que el principal beneficio de la enzima IDO residía en su capacidad para privar de triptófano a las células tumorales y a las bacterias. En la actualidad sabemos que la enzima IDO ayuda a que el interior de la célula sea inhabitable (y francamente hostil) para los invasores microbianos y víricos. Lo hace promoviendo una vía bioquímica alternativa que genera metabolitos promotores de radicales

---

plications of SSRI Treatment», *Journal of Child and Adolescent Psychopharmacology*, vol. 11, n.º 1 (2001): 1-4. https://doi.org/10.1089/104454601750143320

37. Hidroxilación por la L-triptófano hidroxilasa seguida de descarboxilación con la L-aminoácido aromático descarboxilasa. En las plantas, el proceso puede proceder en el orden inverso. *(N. del A.)*.

38. Nicole Lichtblau, *et al.*, «Cytokines as Biomarkers in Depressive Disorder: Current Standing and Prospects», *International Review of Psychiatry*, vol. 25, n.º 5 (2013): 592-603. doi: 10.3109/09540261.2013.813442.

libres, como la cinurenina y el ácido quinolínico,[39] que sí consumen el triptófano disponible, pero estos radicales libres causan mucho daño a la célula y a las mitocondrias.

Volviendo al tema de la depresión, el aumento de la expresión de la enzima IDO implica una menor producción de serotonina y, por tanto, no es sorprendente que la cinurenina y el ácido quinolínico se encuentren en concentraciones elevadas en el líquido cefalorraquídeo de muchos pacientes con trastorno depresivo múltiple. También se encuentra en concentraciones más elevadas en pacientes que padecen inflamación crónica o que tienen niveles elevados de citoquinas inflamatorias en circulación.[40] En parte, ésta es la razón por la que la depre-

39. C. R. MacKenzie, K. Heseler, A. Muller, Walter Daubener, «Role of Indoleamine 2, 3-Dioxygenase in Antimicrobial Defence and Immuno-Regulation: Tryptophan Depletion versus Production of Toxic Kynurenines», *Current Drug Metabolism,* vol. 8, n.º 3 (2007): 237-244 doi: https://doi.org/10.2174/138920007780362518; Aye Mu Myint, Yong Ku Kim, «Cytokine–Serotonin Interaction through IDO: A Neurodegeneration Hypothesis of Depression», *Medical Hypotheses,* vol. 61, n.º 5-6 (2003): 519-525. doi: 10.1016/S0306-9877(03)00207-X.

40. M. Elizabeth Sublette, *et al.*, «Plasma Kynurenine Levels Are Elevated in Suicide Attempters with Major Depressive Disorder», *Brain, Behavior, and Immunity,* vol. 25, n.º 6 (2011): 1272-1278. doi: 10.1016/j.bbi.2011.05.002. Epub 2011 May 14. PMID: 21605657; PMCID: PMC3468945; Kamiyu Ogyu, *et al.*, «Kynurenine Pathway in Depression: A Systematic Review and MetaAnalysis», *Neuroscience & Biobehavioral Reviews,* vol. 90 (2018): 16-25. doi: 10.1016/j. neubiorev.2018.03.023. Epub 2018 Mar 30. PMID: 29608993; Luca Sforzini, Maria Antonietta Nettis, Valeria Mondelli, Carmine Maria Pariante, «Inflammation in Cancer and Depression: A Starring Role for the Kynurenine Pathway», *Psychopharmacology,* vol. 236 (2019): 2997-3011. doi: 10.1007/s00213-019-05200-8. Epub 2019 Feb 26. PMID: 30806743; PMCID: PMC6820591; Simon P. Jones, *et al.*, «Expression of the Kynurenine Pathway in Human Peripheral Blood Mononuclear Cells: Implications for Inflammatory and Neurodegenerative Disease», *PloS One,* vol. 10, n.º 6 (2015): e0131389. doi: 10.1371/journal. pone.0131389. PMID: 26114426; PMCID: PMC4482723; Caroline M. Forrest, *et al.*, «Purine, Kynurenine, Neopterin, and Lipid Peroxidation Levels in Inflammatory Bowel Disease», *Journal of Biomedical Science,* vol. 9, n.º 5 (2002): 436-442. doi: 10.1007/BF02256538. PMID: 12218359; Roland Baumgartner, Maria J. Forteza, Daniel F. J. Ketelhuth, «The Interplay Between Cytokines and the Kynurenine Pathway in Inflammation and Atherosclerosis», *Cytokine,* vol. 122 (2019): 154148. doi: 10.1016/j.cyto.2017.09.004. Epub 2017 Sep 11. PMID: 28899580.

sión es una comorbilidad de las afecciones inflamatorias y a menudo se denomina comportamiento de enfermedad.

Las consecuencias de la reducción de la síntesis de serotonina van más lejos. Los síntomas físicos y mentales de la depresión (y la enfermedad) suelen incluir la fatiga, que está relacionada con el metabolismo energético de la célula. Este efecto puede estar relacionado con la reducción de la síntesis de melatonina, que desempeña un papel importante en el funcionamiento saludable de las mitocondrias.[41] Para ser más concretos, la melatonina se produce en una reacción bioquímica de dos pasos que utiliza la serotonina como precursor principal. Los pormenores de este papel de la melatonina en la salud mitocondrial se abordarán con más detalle más adelante, tras un análisis de la excitotoxicidad (el daño que puede producirse cuando se obliga a las neuronas a estar en estado de excitación durante demasiado tiempo) y algunas de las afecciones clínicas asociadas a ese fenómeno.

Entre los fármacos comercializados que bloquean o reducen la enzima IDO se encuentran el Vioxx y el Celebrex, diseñados para actuar en el receptor de la COX-2 (ciclooxigenasa-2) para bloquear la inflamación. Ambos potencian la serotonina para contribuir a reducir el dolor.

Si el único efecto de las citocinas inflamatorias fuera reducir la síntesis de serotonina, impedir la recaptación de serotonina de la sinapsis, como hacen los ISRS, permitiría que la poca serotonina disponible durara más. Por desgracia, las citocinas inflamatorias también regulan al alza la expresión de los transportadores que facilitan la recaptación de la serotonina.[42] Es decir, en presencia de TNF-α y/o IL-1, aumenta el número de transportadores de serotonina (SERT) que eliminan la

41. Chieh-Hsin Lee, Fabrizio Giuliani, «The Role of Inflammation in Depression and Fatigue», *Frontiers in Immunology*, vol. 10 (2019): 1696doi: 10.3389/fimmu.2019.01696. PMID: 31379879; PMCID: PMC6658985; G. Anderson, Michael Maes, «Mitochondria and Immunity in Chronic Fatigue Syndrome», *Progress in Neuro-Psychopharmacology and Biological Psychiatry*, vol. 103 (2020): 109976. doi: 10.1016/j.pnpbp.2020.109976.

42. Sandra Malynn, Antonio Campos-Torres, Paul Moynagh, Jana Haase, «The Pro-Inflammatory Cytokine TNF-*A* Regulates the Activity and Expression of the Serotonin Transporter (SERT) in Astrocytes», *Neurochemical Research*, vol. 38 (2013): 694-704. https://doi.org/10.1007/s11064-012-0967-y

serotonina de la sinapsis. Por tanto, en un sentido estricto, las citocinas inflamatorias son el equivalente de los potenciadores selectivos de la recaptación de serotonina, que actúan exactamente en oposición a los ISRS.

Teniendo en cuenta esta perspectiva, no es de extrañar que los medicamentos que reducen el estado inflamatorio de la microglía tengan a menudo efectos beneficiosos sobre el estado de ánimo de los pacientes con depresión y ansiedad. Esto incluye la minociclina, un miembro de la familia de antibióticos de la tetraciclina que parece tener la capacidad de suprimir la activación microglial proinflamatoria, de la que se hablará en otros puntos de este apartado.

EXCITOTOXICIDAD

La alteración de las vías de la serotonina y la melatonina son sólo dos formas en que las citocinas inflamatorias liberadas por la microglía activada pueden alterar la función cerebral. Antes de adentrarnos en una conversación más profunda sobre la melatonina, merece la pena desviarnos por una tangente importante para abordar otro fenómeno, la excitotoxicidad, que también implica señales inflamatorias de la microglía que desencadenan problemas neuronales. En pocas palabras, la excitotoxicidad es la liberación excesiva de glutamato y la respuesta excesiva de las neuronas a éste, lo que puede causar estrés neuronal, disfunción y muerte.[43]

Para entenderlo, recuerda que el glutamato es el principal neurotransmisor excitador del sistema nervioso central. Eso significa que las neuronas de todo el cerebro liberan glutamato como señal para activar la siguiente neurona con la que tienen sinapsis. Los astrocitos que controlan los niveles de neurotransmisores en la hendidura sináptica convier-

---

43. Xiao-Xia Dong, Yan Wang, Zheng-Hong Qin, «Molecular Mechanisms of Excitotoxicity and their Relevance to Pathogenesis of Neurodegenerative Diseases», *Acta Pharmacologica Sinica,* vol. 30, n.º 4 (2009): 379-387. doi: 10.1038/aps.2009.24. PMID: 19343058; PMCID: PMC4002277.

ten el glutamato en glutamina y lo devuelven a la neurona presináptica para que vuelva a convertirse en glutamato y lo libere de nuevo.

Entonces, la microglía proinflamatoria libera TNF-α y otras citoquinas inflamatorias. Estas citocinas pueden actuar sobre la misma célula que las liberó, uniéndose a receptores de la superficie celular, exacerbando o prolongando la activación inflamatoria de la célula (esto se denomina señalización de activación autocrina). En otro ejemplo de una célula inmunitaria que libera un neurotransmisor, estas microglías activadas pueden liberar glutamato en la región que rodea la sinapsis. Esto aumenta el nivel de excitación de las neuronas. Recuerda que el proceso de potenciación a largo plazo (LTP) está diseñado para reducir la cantidad de glutamato necesaria para activar las neuronas que se activan con frecuencia, porque demasiado glutamato puede ser perjudicial.

El TNF-α liberado por la microglía también altera a los astrocitos que vigilan la sinapsis, inhibiendo e incluso invirtiendo los receptores y canales de captación de glutamato utilizados para eliminar el neurotransmisor excitador de la sinapsis.

Eso significa que la microglía obliga a los astrocitos a contribuir al riesgo de sobreexcitación.

Las neuronas también expresan receptores TNF-α, y su unión a ellos provoca un aumento de los receptores de glutamato (es decir, receptores AMPA y NMDA). Esto empeora una situación que ya era mala de por sí; es como llevar megáfonos pegados a los oídos en un concierto de rock a todo volumen. Como última línea de defensa contra la sobreestimulación, las neuronas expresan receptores GABAA que son inhibidores. Trágica, pero previsiblemente, el TNF-α reduce también la expresión de estos receptores.

¿Por qué es importante todo esto? Uno de los principales impulsores de la migraña, las convulsiones e incluso el daño causado al tejido cerebral tras un ictus es el resultado de este fenómeno de excitotoxicidad. Es fundamental encontrar formas de disminuir este impacto, lo que significa reducir la activación de la microglía y reducir la inflamación. Como se describirá con más detalle en uno o dos apartados más adelante, la VNS ha sido aprobada para varias de estas afecciones médicas y se está estudiando en las demás.

MELATONINA Y SALUD MITOCONDRIAL

En primer lugar, continuamos con otro beneficio de la estimulación del nervio vago (VNS): la reducción de la fatiga mental y física. La fatiga se ha correlacionado con aumentos en la producción de citocinas inflamatorias y la reducción de la fatiga como resultado de la VNS se relacionó con una reducción de dichas citocinas.[44] Puesto que la fatiga se asocia a menudo con una reducción de la función mitocondrial, es razonable preguntarse cómo influye la inflamación en las mitocondrias.

Por lo tanto, la siguiente parte de la historia de la serotonina es la melatonina y su relación con las mitocondrias. Como ya se ha dicho, el triptófano es el precursor de la serotonina. La serotonina es, a su vez, el precursor de la melatonina. Así pues, la inflamación que suprime la producción de serotonina también inhibe la melatonina. Sin embargo, aunque la serotonina es importante y su déficit afecta al estado de ánimo y al dolor (entre otros), su carencia puede inutilizar por completo la función celular. La melatonina es una sustancia química esencial para la vida, fabricada tanto por células vegetales como animales y utilizada como antioxidante clave que mantiene a salvo las mitocondrias.

Para entenderlo, recuerda que aprendiste en el capítulo 1 que las mitocondrias son los lugares donde se produce la fosforilación oxidativa (OXPHOS) para generar adenosín trifosfato (ATP) en las células eucariotas. Los procesos energéticos que permiten a la OXPHOS producir mucho ATP, también pueden producir especies reactivas del oxígeno (ROS) perjudiciales. Al principio, se pensaba que estas ROS eran un riesgo colateral asociado a los procesos de alta energía concentrados en la estructura de la membrana mitocondrial, pero, como suele ocu-

---

44. Jessica Tarn, Sarah Legg, Sheryl Mitchell, Bruce Simon, Wan-Fai Ng, «The Effects of Noninvasive Vagus Nerve Stimulation on Fatigue and Immune Responses in Patients with Primary Sjögren's Syndrome», *Neuromodulation: Technology at the Neural Interface,* vol. 22, n.º 5 (2019): 580-585. https://doi.org/10.1111/ner.12879; Jessica Tarn, *et al.*, «The Effects of Noninvasive Vagus Nerve Stimulation on Fatigue in Participants with Primary Sjögren's Syndrome», *Neuromodulation: Technology at the Neural Interface,* vol. 26, n.º 3 (2023): 681-689. doi: https://doi.org/10.1016/j.neurom.2022.08.461

rrir, la Madre Naturaleza lo aprovecha todo. Así, más recientemente, se ha reconocido que las ROS son un mecanismo de señalización utilizado por las mitocondrias para comunicarse con la célula huésped. Aun así, las ROS son perjudiciales y hay que controlarlas. Las mitocondrias producen antioxidantes (al igual que la célula huésped), como la enzima superóxido dismutasa y otras, para reducir estas moléculas. La melatonina es uno de ellos y, como tal, es un regulador de la salud mitocondrial.[45]

Esto cobra especial importancia en condiciones inflamatorias cuando el precursor de la melatonina escasea, hecho que se evidencia por la retención por las mitocondrias de la capacidad de generar su propia melatonina (a partir de la serotonina).[46]

A falta de un número suficiente de antioxidantes, el daño producido por las ERO en el ADN mitocondrial continúa hasta que alcanza un límite determinado. Junto con la acumulación de iones de calcio, que se analiza a continuación, las mitocondrias responden expulsando su ADN al medio intracelular fuera de las mitocondrias (en el citosol). Como se supone que el ADN no debería estar flotando en el citosol de una célula eucariota, es una potente señal de daño y/o de presencia de un patógeno. Esta señal conduce a la activación de una potente vía proinflamatoria conocida como STING[47] (que es el acrónimo de «estimulador de genes de interferón»). Por supuesto, una inflamación incluso mayor produce un agravamiento del déficit de melatonina.

45. Dario Acuna-Castroviejo, Germaine Escames, Maria I. Rodriguez, Luis C. Lopez, «Melatonin Role in the Mitochondrial Function», *Frontiers in Bioscience-Landmark,* vol. 12, n.º 3 (2007): 947-963. https://article.imrpress.com/bri/Landmark/articles/pdf/Landmark2116.pdf

46. Russel J. Reiter, *et al.*, «Melatonin: A Mitochondrial Resident with a Diverse Skill Set», *Life Sciences,* vol. 301 (2022): 120612. doi: 10.1016/j.lfs.2022.120612. Epub 2022 May 4. PMID: 35523285.

47. Joel S. Riley, Stephen W. G. Tait, «Mitochondrial DNA in Inflammation and Immunity», *EMBO Reports,* vol. 21, n.º 4 (2020): e49799. doi: https://doi.org/10.15252/embr.201949799; Jeonghan Kim, Ho-Shik Kim, Jay H. Chung, «Molecular Mechanisms of Mitochondrial DNA Release and Activation of the cGAS-STING Pathway», *Experimental & Molecular Medicine,* vol. 55, n.º 3 (2023): 510-519. https://doi.org/10.1038/s12276-023-00965-7

Pueden tolerarse breves períodos de déficit de serotonina y melatonina. Sin embargo, en beneficio de las defensas de la célula, los períodos prolongados de estrés conducen a una acumulación progresiva de daños por ROS. Este daño mediado por las ROS conduce a una cascada de acontecimientos, incluida la fuga de un compuesto clave utilizado en la OXPHOS llamado citocromo-c. Incluso pequeñas liberaciones de citocromo-c pueden tener efectos secundarios en otro orgánulo, el retículo endoplasmático (RE), provocando la fuga de iones de calcio del mismo (el RE contiene grandes reservas de calcio).[48] Dado que el citocromo-c se mantiene en la mitocondria mediante simples fuerzas electrostáticas, una liberación excesiva de iones de calcio del RE puede provocar una liberación aún mayor de citocromo-c. Puedes ver adónde va esto: existe un bucle de retroalimentación positiva que empeora progresivamente cada situación.

Si no se modula de otro modo, este bucle de retroalimentación positiva puede acabar provocando la activación de una serie de proteínas, incluida la caspasa 9, que promueven el suicidio celular.[49]

Comprender el papel de la melatonina y los efectos que la inflamación tiene sobre las mitocondrias ayuda a explicar una de las características más importantes, pero de otro modo inexplicables, de la cadena inflamatoria, que es el hecho de que la microglía inflamada tiende a depender de la glucólisis y parece tener poca o ninguna OXPHOS. Como se expondrá en el capítulo 3, con respecto a la enfermedad metabólica, cuando surgen condiciones inflamatorias que estresan a las mitocondrias, la glucólisis se convierte en la fuente de ATP de la que deben depender las células. Esto llevará a las células a señalar que necesitan que el hígado produzca un exceso de glucosa para satisfacer las

---

48. N. Tabassum, *et al.*, «A Review on the Possible Leakage of Electrons through the Electron Transport Chain within Mitochondria», *Life Science,* vol. 6 (2020): 105-113 doi: 10.37871/jels1127, Article ID: JELS1127; Alexander L. Chernorudskiy, Ester Zito, «Regulation of Calcium Homeostasis by ER Redox: A Close-Up of the ER/ Mitochondria Connection», *Journal of Molecular Biology,* vol. 429, n.º 5 (2017): 620-632. https://doi.org/10.1016/j.jmb.2017.01.017

49. P. A. Parone, D. James, J. C. Martinou, «Mitochondria: Regulating the Inevitable», *Biochimie,* vol. 84, n.º 2-3 (2002): 105-111. https://doi.org/10.1016/S0300-9084(02)01380-9

demandas energéticas del sistema inmunitario.[50] Esta dependencia de la glucólisis significa que la demanda de glucosa es mucho mayor para mantener las funciones celulares normales y los niveles de glucosa en sangre aumentan peligrosamente, lo que impulsa una mayor liberación de insulina. Los síntomas de fatiga mental y física son comunes entre las afecciones inflamatorias y una causa importante es esta disfunción mitocondrial.

Ahora bien, hay dos bucles de retroalimentación positiva que se acaban de describir y ambos están ligados al hecho de que la inflamación está afectando a la producción de melatonina que, a su vez, implica una disfunción mitocondrial. Ninguno de los dos parece tener una ruta de salida clara de un círculo vicioso. Si te has estado preguntando cómo se relaciona esto con el control de la inflamación por el sistema nervioso autónomo, éste es el momento de dejarlo bien claro.

Las mitocondrias expresan el receptor nicotínico de acetilcolina α7.

En primer lugar, con respecto a la liberación de ADN mitocondrial que causa inflamación, la unión del nAChR α7 inhibe la liberación de ADN mitocondrial, retrasando el desencadenante de la conversión de la célula a una orientación inflamatoria.[51] Por estas razones, a veces se hace referencia al nAChR α7 como un receptor de supervivencia celular, ya que inhibe que la célula cometa la muerte celular programada.

A continuación, en relación con el problema del calcio y el citocromo-c, resulta que las mitocondrias tienen canales iónicos en las membranas externas denominados canales aniónicos dependientes de voltaje (VDAC) para regular el movimiento de los iones de calcio. Cuando el VDAC se bloquea o inhibe, los iones de calcio fluyen más fácilmen-

50. Santhosh Satapati, *et al.*, «Mitochondrial Metabolism Mediates Oxidative Stress and Inflammation in Fatty Liver», *The Journal of Clinical Investigation,* vol. 125, n.º 12 (2015): 4447-4462. doi: 10.1172/JCI82204. Epub 2015 Nov 16. Erratum in: J Clin Invest. 2016 Apr 1;126(4):1605. doi: 10.1172/JCI86695. Livingston, Kenneth [corrected to Livingston, Kenneth A]. PMID: 26571396; PMCID: PMC4665800.

51. Ben Lu, *et al.*, «α7 Nicotinic Acetylcholine Receptor Signaling Inhibits Inflammasome Activation by Preventing Mitochondrial DNA Release», *Molecular Medicine,* vol. 20 (2014): 350-358. doi: 10.2119/molmed.2013.00117. PMID: 24849809; PMCID: PMC4153835.

te hacia el interior de la mitocondria, lo que altera la estabilidad del citocromo-c y permite que se escape al exterior. La activación del $\alpha7$ nAChR actúa para restablecer la función adecuada del VDAC,[52] impidiendo así la acumulación de iones de calcio en la mitocondria y evitando la fuga de citocromo-c.

Estos mecanismos explican por qué la estimulación del nervio vago (VNS), que provoca una liberación de acetilcolina, es un importante protector de la producción de energía celular y combate la fatiga y otros problemas metabólicos, como se verá en el capítulo próximo. Sin embargo, antes que nada, ¿cómo se traduce clínicamente toda esta ciencia?

---

52. Paul S. Brookes, *et al.*, «Calcium, ATP, and ROS: A Mitochondrial Love-Hate Triangle», *American Journal of Physiology-Cell Physiology* (2004). https://doi.org/10.1152/ajpcell.00139.2004; György Hajnóczky, *et al.*, «Mitochondrial Calcium Signaling and Cell Death: Approaches for Assessing the Role of Mitochondrial Ca2+ Uptake in Apoptosis», *Cell Calcium,* vol. 40, n.º 5-6 (2006): 553-560. https://doi.org/10.1016/j.ceca.2006.08.016; Galyna Gergalova, *et al.*, «Mitochondria Express *A7* Nicotinic Acetylcholine Receptors to Regulate Ca2+ Accumulation and Cytochrome C Release: Study on Isolated Mitochondria», *PloS One,* vol. 7, n.º 2 (2012): e31361. https://doi.org/10.1371/journal.pone.0031361

CAPÍTULO 3

APLICACIONES CLÍNICAS

LA DEPRESIÓN

Mi padre era un médico de la vieja escuela; no le interesaban los coches deportivos ni las casas de lujo. Su único capricho era encontrar tiempo para irse de vacaciones a algún lugar cálido, preferiblemente junto al mar, sin teléfono ni televisión, para evadirse de verdad y relajarse. Falleció en otoño de 2022, tras una buena vida y Dios le dio una salida airosa de este mundo. Fue apropiado, dado que había ayudado a traer al mundo a cerca de seis mil niños sanos y siempre se aseguró de que sus madres sobrevivieran al duro proceso.

Se formó como médico en una época en la que buscar las causas profundas de un problema era algo que los médicos hacían habitualmente. En aquella época, no había Internet para buscar respuestas y mucho menos proveedores de telemedicina asistidos por IA que dispensaran fármacos basándose en datos selectos presentados en revistas subvencionadas por las farmacéuticas y defendidos por sociedades dirigidas por abogados y expertos de la industria. Le hizo humilde pero observador, mantuvo su memoria despierta y agradeció su gran capacidad para identificar patrones. Sin embargo, más importante que todo eso era su voluntad de aceptar que no tenía todas las respuestas. Sus lealtades no estaban con el *statu quo* ni con los símbolos del estatus. Simplemente pensaba en las cosas y las resolvía por sí mismo, lo que, en el mundo conformista de hoy, le habría convertido en un iconoclasta. Cuando me miro en el espejo, por supuesto, veo un rostro que se está convirtiendo poco a poco en el de mi padre. Con ese parecido en mente, abordemos el tema de la depresión con espíritu iconoclasta.

El estado de ánimo es un concepto fluido. ¿Qué hace que una persona se sienta deprimida un día y feliz al siguiente? Sin duda, los acontecimientos de la vida desempeñan un papel importante, pero la mayoría de esos sentimientos son emociones, distintas del estado de ánimo. Una persona puede sentirse decaída por algo que le ha ocurrido, pero mientras la bioquímica del cerebro y las respuestas conductuales sean normales, podemos considerar que un estado de ánimo bajo es normal. También es normal estar de mal humor si alguien te ha destrozado el coche. Que el estado de ánimo, la química cerebral y el comportamiento se desvíen de lo que es normal, según las circunstancias de tu vida, suele ser un signo mucho más apropiado de patología. En estas situaciones, tiene mucho sentido examinar el estado del sistema inmunitario.

Ya hemos introducido el concepto de comportamiento de enfermedad y los apartados anteriores han proporcionado amplias bases científicas sobre cómo la inflamación puede alterar la expresión de los neurotransmisores y provocar disfunción mitocondrial. A primera vista, lo que desencadena la inflamación parece obvio: lesiones, infecciones, toxinas, privación de nutrientes esenciales y otras agresiones físicas. Se trata de amenazas que requieren una intervención física de las células del sistema inmunitario para combatir y luego curarse de los invasores extraños y de los daños, respectivamente. (Uno de los mensajes más importantes de este libro es que las respuestas de lucha y curación no pueden producirse simultáneamente y que permanecer en modo de lucha, que implica la activación simpática, durante demasiado tiempo, conduce al colapso de los sistemas debido a la dependencia del apoyo de los macrófagos, que se distraen cuando deberían volver a sus tareas domésticas bajo control parasimpático [nervio vago]).

Evidentemente, el modo de respuesta a la amenaza puede desencadenarse por lesiones físicas; sin embargo, la pregunta es ¿por qué las lesiones cercanas desencadenan la inflamación? La evitación del peligro provoca respuestas inflamatorias, a veces tan intensas como las lesiones reales. Y lo que resulta aún más interesante, la amenaza percibida ni siquiera tiene que provocar un daño físico para activar el sistema inmunitario. Esto se debe a que la activación del sistema nervioso simpático, que reacciona ante estresores de todo tipo, es lo que activa el sistema inmunitario. Por muy intangibles que parezcan la presión psicosocial, los acontecimientos emocionalmente traumáticos e incluso la privación de sueño, estos factores activan el sistema inmunitario. Por ejemplo, los pacientes diagnosticados de enfermedad inflamatoria intestinal (una enfermedad autoinmune), que están en remisión, pueden experimentar aumentos significativos de citoquinas inflamatorias por la exposición a situaciones socialmente desafiantes y que provocan ansiedad, aunque no haya lesión física.

Dado que estas amenazas percibidas pueden persistir durante largos períodos de tiempo, suelen ser mucho más perjudiciales para la salud mental que una única lesión física aguda.

Si sabemos que, por un lado, un desencadenante no físico puede provocar un cambio del estado inmunitario a proinflamatorio y, por otro, la microglía desempeña un papel vital en el mantenimiento de la red neuronal y en el desarrollo continuo necesario para el aprendizaje y la formación de la memoria, entonces ha llegado el momento de unir estas dos piezas, demostrando que las experiencias conscientes y la experiencia de estrés pueden cambiar los estados de la microglía, lo que altera la función neuronal, la expresión de los neurotransmisores y la función mitocondrial.

Por lo tanto, y llevando esto a la conclusión obvia, surge la pregunta: ¿existen pruebas de que la depresión pueda aliviarse con tratamientos antiinflamatorios?

Un metaanálisis de once estudios y más de 100.000 pacientes, publicado en 2019, concluyó que las elecciones dietéticas antiinflamatorias reducían el riesgo de depresión, mientras que las dietas proinflamatorias se asociaban a riesgos elevados de depresión.[1] Por supuesto, estos hallazgos pueden criticarse fácilmente por no tener en cuenta las razones que subyacen a la adopción de una dieta en lugar de otra (por

---

1. Katie Tolkien, Steven Bradburn, Chris Murgatroyd, «An AntiInflammatory Diet as a Potential Intervention for Depressive Disorders: A Systematic Review and Meta-Analysis», (2018). doi: 10.1016/j.clnu.2018.11.007. Epub 2018 Nov 20. PMID: 30502975.

ejemplo, los entusiastas del ejercicio tienen menores tasas declaradas de depresión y pueden adoptar dietas antiinflamatorias por razones de forma física, dejando los efectos antidepresivos atribuibles al ejercicio frente a la dieta antiinflamatoria).

En 2019 se publicó un metaanálisis de treinta y seis ensayos clínicos aleatorizados sobre medicamentos antiinflamatorios, desde fármacos antiinflamatorios no esteroideos y esteroides hasta estatinas y medicación para la diabetes, en el que se analizaban los efectos antidepresivos de estos medicamentos en combinación con los antidepresivos solos. Basándose en los datos encontrados, los autores concluyeron que «los agentes antiinflamatorios mejoraron los efectos del tratamiento antidepresivo». Se han publicado otros metaanálisis sobre el uso conjunto de inhibidores de la COX-2 y aspirina con resultados positivos similares en comparación con los antidepresivos solos.[2]

Por supuesto, la estimulación del nervio vago ya ha sido aprobada para el tratamiento de la depresión médicamente resistente y los metaanálisis exhaustivos de los datos de múltiples estudios controlados y aleatorizados de gran tamaño con un seguimiento de varios años son prueba de tales efectos.[3]

LA EPILEPSIA

La epilepsia es un diagnóstico general que se refiere a una serie de trastornos convulsivos diferentes, cada uno de los cuales tiene una variedad de causas y tipos de crisis (por ejemplo, crisis de ausencia, *petit mal* y

2. Ole Köhler-Forsberg, *et al.*, «Efficacy of Anti-Inflammatory Treatment on Major Depressive Disorder or Depressive Symptoms: Meta-Analysis of Clinical Trials», *Acta Psychiatrica Scandinavica,* vol. 139, n.º 5 (2019): 404-419. doi: 10.1111/acps.13016. Epub 2019 Mar 28. PMID: 30834514; Norbert Müller, «COX-2 Inhibitors, Aspirin, and Other Potential Anti-Inflammatory Treatments for Psychiatric Disorders», *Frontiers in Psychiatry,* vol. 10 (2019): 375. https://doi.org/10.3389/fpsyt.2019.00375

3. Scott M. Berry, *et al.*, «A Patient-Level Meta-Analysis of Studies Evaluating Vagus Nerve Stimulation Therapy for Treatment-Resistant Depression», *Medical Devices: Evidence and Research* (2013): 17-35. doi: 10.2147/MDER.S41017. Epub 2013 Mar 1. PMID: 23482508; PMCID: PMC3590011.

gran mal). Estas afecciones pueden manifestarse en todas las edades, pero a menudo se presentan por primera vez en niños. No obstante, los trastornos convulsivos de inicio en la infancia suelen persistir a lo largo de la vida y las crisis convulsivas también pueden surgir en el contexto de traumatismos, afecciones inflamatorias sistémicas y/o como consecuencia de afecciones neurodegenerativas. (El lector puede observar que cada una de estas causas de aparición en la edad adulta tiene una fuerte conexión con el sistema inmunitario).

La actividad convulsiva fue reconocida como una patología grave hace miles de años. Las antiguas explicaciones sobre las causas de la epilepsia solían tener sus raíces en la magia y lo sobrenatural, atribuyendo a menudo la actividad convulsiva a espíritus malignos o a la posesión demoníaca. En cualquier caso, es digno de mencionar que se dibujaban convulsiones en las paredes de las cavernas y que los primeros humanos idearon un tratamiento bastante notable, aunque brutal, para esta afección que consistía en hacer pequeños agujeros en el cráneo de los epilépticos, llamado trepanación. Es asombroso que la tasa de supervivencia de este procedimiento llegara al 50 %, pero aún más asombroso es que la terapia debiera haber demostrado cierto nivel de éxito para haber sido continuada.

El médico romano Galeno fue el primero en plantear la hipótesis de la implicación de órganos periféricos en algunos episodios epilépticos, basándose en las sensaciones abdominales y las palpitaciones cardíacas que suelen preceder a las convulsiones. Durante el Renacimiento, se realizaron las primeras asociaciones registradas de crisis epilépticas con otras enfermedades, normalmente infecciones. Los estudios modernos han demostrado que el riesgo de sufrir una crisis epiléptica entre quienes tienen propensión a ellas aumenta significativamente durante los períodos de infección grave y/o fiebre. De hecho, una serie de estudios especialmente interesante ha consistido en inyectar desencadenantes de inflamación grave en animales con propensión inducida a sufrir convulsiones y controlar después la facilidad con que se desencadena una convulsión.[4] La conclusión de los estudios es que la inflamación peri-

---

4. Ying-Hao Ho, *et al.*, «Peripheral Inflammation Increases Seizure Susceptibility via the Induction of Neuroinflammation and Oxidative Stress in the Hippo-

férica desencadena neuroinflamación y estrés oxidativo y que éstos contribuyen a reducir el umbral para provocar convulsiones. Curiosamente, el área en la que se centraron los investigadores fue el hipocampo, donde la red neuronal está en constante revisión y desarrollo y consideraron que la inhibición de la inflamación y la reducción del estrés oxidativo tenían los efectos anticonvulsivos más potentes.

Anteriormente se demostró cómo la inflamación puede alterar la expresión de los neurotransmisores (especialmente en el caso de la serotonina, aunque la dopamina se ve afectada de forma similar) y generar estrés mitocondrial (mediante el aumento del nivel de moléculas promotoras de radicales libres y la reducción de la producción de melatonina), y ahora descubrimos que la inflamación puede aumentar la probabilidad de sufrir convulsiones. Una pregunta natural es si las convulsiones están causadas por el desequilibrio de los neurotransmisores o por la disfunción mitocondrial. Resulta que esta cuestión ha sido y sigue siendo objeto de debate y, como suele ocurrir en tales debates, es probable que ambas afecciones formen parte de la respuesta. Sea cual sea el resultado final de esta controversia, está claro que la microglía desempeña un papel importante en la regulación del cerebro y que su paso a un estado inflamatorio, de forma temporal, se asocia tanto al desequilibrio de los neurotransmisores como a fenómenos de hiperexcitación, como las crisis epilépticas. Asimismo, su paso a un estado inflamatorio crónico puede provocar una disfunción metabólica que aumente la probabilidad de convulsiones.[5]

campus», *Journal of Biomedical Science,* vol. 22, n.º 1 (2015): 1-14. https://doi.org/10.1186/s12929-015-0157-8

5. Jennifer C. Felger, Michael T. Treadway, «Inflammation Effects on Motivation and Motor Activity: Role of Dopamine», *Neuropsychopharmacology,* vol. 42, n.º 1 (2017): 216-241. https://doi.org/10.1038/npp.2016.143; Felix-Martin Werner, Rafael Coveñas, «Classical Neurotransmitters and Neuropeptides Involved in Generalized Epilepsy in a Multi-Neurotransmitter System: How to Improve the Antiepileptic Effect?», *Epilepsy & Behavior,* vol. 71 (2017): 124-129. doi: 10.1016/j.yebeh.2015.01.038. Epub 2015 Mar 26. PMID: 25819950; Shah Nigar, *et al.*, «Molecular Insights into the Role of Inflammation and Oxidative Stress in Epilepsy», *Journal of Advances in Medical and Pharmaceutical Sciences,* vol. 10, n.º 1 (2016): 1-9. https://journals.indexcopernicus.com/api/file/viewByFileId/305136; Parizad M. Bilimoria y Beth Stevens, «Microglia Function during

Los investigadores, entre ellos Tanya Victor y Stella Tsirka, de la Universidad Stony Brook de Nueva York, han llegado a la conclusión de que la disfunción microglial con respecto a importantes tareas de mantenimiento interno es decisiva para que el cerebro sea susceptible a la actividad convulsiva inicial y continuada.[6] Como hemos comentado, entre las funciones esenciales que la microglía está programada para llevar a cabo está la poda neuronal y sináptica. Más concretamente, las crisis perturban el proceso neurogénico normal en zonas clave del cerebro, incluido el hipocampo. Como se ha descrito anteriormente, el hipocampo es una región del cerebro donde la neurogénesis y la sinaptogénesis continuas permanecen activas durante toda la vida.

Como recordará el lector, la neurogénesis implica un proceso de varios pasos que incluye la proliferación y maduración de neuronas recién creadas (a partir de células progenitoras), la migración de las células recién formadas a su posición adecuada, la creación de conexiones entre las neuronas recién formadas y la red neuronal en la que se están integrando, así como la poda de neuronas y sinapsis que no se han formado o integrado adecuadamente. Aunque la señalización para promover la neurogénesis está presente en algunas formas de epilepsia, se ha observado una desregulación en la migración, la sinaptogénesis y la poda de la red en evolución. Estas neuronas mal integradas, a menudo reguladas de forma disfuncional, pueden formar un centro epileptógeno. (Esta asociación con el hipocampo también puede explicar la observación de que el deterioro cognitivo e incluso el declive cognitivo pueden asociarse a trastornos convulsivos crónicos).

Se supone que el papel normal de la microglía en la eliminación de neuronas mal formadas o integradas y/o sus sinapsis es un proceso no inflamatorio. En el caso de la epilepsia, sin embargo, parece que la mi-

Brain Development: New Insights from Animal Models», *Brain Research,* vol. 1617 (2015): 7-17. doi: 10.1016/j.brainres.2014.11.032. Epub 2014 Nov 26. PMID: 25463024; Jennifer N. Pearson-Smith, Manisha Patel, «Metabolic Dysfunction and Oxidative Stress in Epilepsy», *International Journal of Molecular Sciences,* vol. 18, n.º 11 (2017): 2365. https://doi.org/10.3390/ijms18112365

6. Tanya R. Victor, Stella E. Tsirka, «Microglial Contributions to Aberrant Neurogenesis and Pathophysiology of Epilepsy», *Neuroimmunology and Neuroinflammation,* vol. 7 (2020): 234. http://dx.doi.org/10.20517/2347-8659.2020.02

croglía pasa a un estado proinflamatorio. Esto provoca que las nuevas neuronas no se integren correctamente y, como consecuencia de las convulsiones, la microglía permanece inflamada. El efecto de este sistema de retroalimentación es que la inflamación aumenta crónicamente la susceptibilidad a las convulsiones. Por supuesto, también impulsa el desequilibrio de los neurotransmisores y la excitotoxicidad.[7]

La estimulación del nervio vago (VNS) se desarrolló por primera vez para tratar la epilepsia y decenas de miles de personas han conseguido controlar su enfermedad con su uso regular. Aunque los primeros estudios sobre el mecanismo por el que la estimulación del nervio vago trata la epilepsia se centraron en los neurotransmisores monoaminérgicos,[8] los estudios que implican los mecanismos antiinflamatorios[9] y los efectos mitocondriales sugieren que deben considerarse mecanismos probables subyacentes a los beneficios clínicos de la VNS.

DOLOR DE CABEZA

El glutamato es el principal neurotransmisor excitador del cerebro, pero una expresión excesiva del mismo, provocada por la inflamación, puede conducir a una excitación no deseada. Una de las consecuencias de esa excitación no deseada puede ser una variedad de afecciones dolorosas. La migraña es una especialmente devastadora, que afecta aproximadamente al 12 % de la población adulta. El problema es aún peor para las mujeres, especialmente en edad fértil, ya que el número de mujeres que sufren migrañas se acerca a una de cada cinco. Cerca de

---

7. Gabriel Olmos, Jerònia Lladó, «Tumor Necrosis Factor Alpha: A Link between Neuroinflammation and Excitotoxicity», *Mediators of Inflammation* (2014). doi: 10.1155/2014/861231. Epub 2014 May 21. PMID: 24966471; PMCID: PMC4055424.

8. Scott E. Krahl, Kevin B. Clark, «Vagus Nerve Stimulation for Epilepsy: A Review of Central Mechanism», *Surgical Neurology International,* vol. 3, n.º 4 (2012): S255. doi: 10.4103/2152-7806.103015. Epub 2012 Oct 31. PMID: 23230530; PMCID: PMC3514919.

9. Enes Akyuz, *et al.*, «Revisiting the Role of Neurotransmitters in Epilepsy: An Updated Review», *Life Sciences,* vol. 265 (2021): 118826. doi: 10.1016/j.lfs.2020.118826. Epub 2020 Nov 28. PMID: 33259863.

dos de cada tres mujeres que sufren migrañas afirman que sus ataques coinciden con su ciclo menstrual.[10]

TRATAMIENTO DE MIGRAÑAS AGUDAS

El Dr. Michael Oshinsky es un brillante científico del Instituto Nacional de Enfermedades Neurológicas y Accidentes Cerebrovasculares (NINDS), que es uno de los veinte Institutos Nacionales de Salud de EE. UU. (National Institutes for Health), donde lleva casi una década como director del programa para el dolor. Antes de incorporarse al NINDS, pasó más de una década en la Universidad Thomas Jefferson, donde desarrolló un modelo animal muy útil de la migraña. Consiste en exponer los cerebros (en realidad, la fina capa de membrana, llamada duramadre, que recubre el cerebro) de roedores a una mezcla proinflamatoria, cuyo componente clave es la prostaglandina.[11] Cuando se administra por primera vez, su «sopa» inflamatoria, como él la denomina, provoca un período de sensibilidad aumentada y alodinia dolorosa (la experiencia de dolor causada por el tacto ligero) durante un período de horas, tras el cual el dolor se resuelve. Sin embargo, la administración repetida de la sopa, una vez cada pocos días durante un período de treinta días, provoca un dolor crónico que no se resuelve.

La exposición de estos animales sensibilizados a una sustancia conocida por provocar migrañas en los seres humanos, como el trinitrato de glicerilo, hace que los animales experimenten un aumento diez veces mayor de la sensibilidad a la presión de la luz en la frente. Tomando muestras de líquido cefalorraquídeo de un importante centro del dolor en la base del tronco encefálico de las ratas, pudo demostrar que el

---

10. Jelena M. Pavlović, *et al.*, «Burden of Migraine Related to Menses: Results from the AMPP Study», *The Journal of Headache and Pain,* vol. 16, n.º 1 (2015): 1-11. https://doi.org/10.1186/s10194-015-0503-y
11. Michael L. Oshinsky, Sumittra Gomonchareonsiri, «Episodic Dural Stimulation in Awake Rats: A Model for Recurrent Headache», *Headache: The Journal of Head and Face Pain,* vol. 47, n.º 7 (2007): 1026-1036. https://doi.org/10.1111/j.1526-4610.2007.00871.x

aumento del dolor estaba relacionado causalmente con un aumento de casi diez veces en la liberación de glutamato.

Tras conocer el potencial modulador de neurotransmisores de la estimulación no invasiva del nervio vago (nVNS), Michael probó sus efectos en su modelo y demostró que la administración de nVNS durante un breve período de dos minutos era capaz de evitar por completo el aumento del dolor, además de reducir el nivel de glutamato asociado al desencadenante de la cefalea.[12] Incluso cuando la nVNS se administró después de que los niveles de glutamato hubieran aumentado sustancialmente (aproximadamente a la mitad del pico), la terapia fue capaz de invertir los niveles de glutamato, junto con el aumento de la sensibilidad, y devolver al animal a niveles casi normales. Estos datos se utilizaron como apoyo en la aprobación definitiva de la nVNS como tratamiento agudo de los ataques de migraña.

PREVENCIÓN DE LA MIGRAÑA

Ahora bien, la excitotoxicidad inducida por la inflamación en el sistema nervioso central, como la que genera el modelo de Michael, y el desequilibrio de neurotransmisores asociado a ella, pueden provocar una predisposición a diversos fenómenos de hiperexcitación. Entre ellos se encuentran las convulsiones y un fenómeno conocido como depresión de propagación cortical (CSD, por sus siglas en inglés). Las CSD consisten en ondas de excitación neuronal sincronizada, y la inhibición subsiguiente, que inhabilitan la capacidad de funcionamiento de las neuronas afectadas durante un período de minutos. Las CSD están asociadas a la migraña (y al ictus) y son relativamente esporádicas. Para quienes estén familiarizados con las migrañas, se cree que las CSD son la causa del aura, que es la experiencia de alteraciones visuales antes o al principio de la fase de dolor de la migraña. Las CSD pueden

---

12. Michael L. Oshinsky, *et al.*, «Noninvasive Vagus Nerve Stimulation as Treatment for Trigeminal Allodynia», *Pain,* vol. 155, n.º 5 (2014): 1037-1042. https://doi. org/10.1016/j.pain.2014.02.009

afectar a algo más que a la visión, incluidas las alteraciones de la capacidad verbal denominadas afasias.[13]

Por tanto, la investigación sobre el funcionamiento de las migrañas incluye el estudio de las CSD. Los investigadores han identificado múltiples formas de desencadenarlas artificialmente en el tejido cerebral.[14] Así pues, pueden desencadenarse de las siguientes maneras:

- Colocar una pequeña esponja con una concentración elevada de cloruro potásico en la corteza (que modifica localmente los gradientes iónicos);
- Irritar o lesionar de forma leve el tejido (por ejemplo, pinchar la superficie del cerebro con una aguja);
- Inyectar una carga eléctrica en el tejido (por ejemplo, usando un electrodo pequeño y aplicando una corriente al tejido);Utilizar técnicas optogenéticas que impliquen el uso de frecuencias específicas de luz para activar la despolarización de neuronas genéticamente alteradas para que sean reactivas a esa frecuencia, eInducir hipoxia en una región del cerebro (que puede ser, o no, más relevante para el modelado del accidente cerebrovascular isquémico).

Si los investigadores utilizan la técnica de inyección de carga, pueden medir el nivel del umbral de carga necesario para que se inicien las CSD. Este umbral puede modularse de diversas formas mediante determinados fármacos y terapias de neuromodulación. En teoría, cuanto más bajo sea el umbral, más probable es que se produzca una CSD, y clínicamente más probable es que un estrés de algún tipo provoque una CSD y una migraña. Esto significa que elevar el umbral es deseable como prevención de la migraña. En este contexto, un antibiótico lla-

---

13. Isabel Pavão Martins, «Crossed Aphasia during Migraine Aura: Transcallosal Spreading Depression?», *Journal of Neurology, Neurosurgery & Psychiatry*, vol. 78, n.º 5 (2007): 544-545. doi: 10.1136/jnnp.2006.093484. Epub 2006 Nov 6. PMID: 17088332; PMCID: PMC2117813.

14. Cenk Ayata, *et al.*, «Suppression of Cortical Spreading Depression in Migraine Prophylaxis», *Annals of Neurology: Official Journal of the American Neurological Association and the Child Neurology Society*, vol. 59, n.º 4 (2006): 652-661.

mado minociclina tiene la capacidad de atravesar la barrera hematoencefálica e influir en las células microgliales para que vuelvan a su estado antiinflamatorio, lo que eleva los umbrales de las CSD.[15]

Richard Kraig, de la Universidad de Chicago, ha publicado ampliamente sobre el papel de la microglía en la patogénesis de la migraña, específicamente sus efectos en los CSD. De hecho, en un artículo publicado en 2014, él y sus colegas escribieron:

«La microglía desempeña un papel importante en el ajuste fino de la actividad neuronal. Es necesaria una actividad sináptica excesiva para iniciar la depresión propagada (SD por su sigla en inglés). El aumento de la producción microglial de citocinas proinflamatorias favorece el inicio de la SD, que, cuando es recurrente, puede influir en la conversión de la migraña episódica en migraña de alta frecuencia y crónica».[16]

Cenk Ayata y sus colegas del Hospital General de Massachusetts, de Harvard, llevan décadas estudiando las CSD en modelos animales tanto por migraña como por ictus. En su trabajo, y en el de otros, se había demostrado que los fármacos antiepilépticos, como el topiramato, que habían demostrado reducir la frecuencia de las migrañas, también reducían las CSD. De hecho, el mecanismo de acción propuesto para estos fármacos era la reducción de la hiperexcitabilidad. Por desgracia, suelen pasar de varias semanas a meses antes de que estos medicamentos alcancen una eficacia terapéuticamente significativa.

En 2012, mi amigo íntimo y colega Bruce Simon convenció a Cenk para que probara la estimulación del nervio vago no invasiva (nVNS) como posible medio no farmacéutico de elevar los umbrales de las CSD. Aunque dudaba de la probabilidad de éxito, Cenk accedió a es-

---

15. Shih-Pin Chen, Cenk Ayatam, «Novel Therapeutic Targets Against Spreading Depression», *Headache: The Journal of Head and Face Pain,* vol. 57, n.º 9 (2017): 1340-1358. https://doi.org/10.1111/head.13154

16. Kae M. Pusic, Aya D. Pusic, Jordan Kemme, Richard P. Kraig, «Spreading Depression Requires Microglia and Is Decreased by Their M2a Polarization from Environmental Enrichment», *Glia,* vol. 62, n.º 7 (2014): 1176-1194. doi: 10.1002/glia.22672. Epub 2014 Apr 10. PMID: 24723305; PMCID: PMC4081540.

tudiar la terapia en un modelo sencillo de CSD inducido químicamente. A lo largo de una serie de notables trabajos,[17] Cenk y su equipo demostraron que la nVNS puede elevar los umbrales de carga para desencadenar las CSD eléctricamente y reducir la frecuencia de las CSD desencadenadas química u optogenéticamente. Lo mejor de todo es que los beneficios que se tardan semanas o meses en obtener con los fármacos antiepilépticos pueden conseguirse en cuestión de minutos con la nVNS.

A raíz de ello, el laboratorio de Cenk ha demostrado que las CSD desencadenadas tienen la capacidad de aumentar la expresión de citocinas inflamatorias (es decir, la relación entre las citocinas y las CSD es bidireccional), y que la nVNS tiene la capacidad de reducir la expresión de citocinas.

EL GEN CGRP Y LAS MIGRAÑAS

Esta capacidad para suprimir las citocinas inflamatorias es importante en otros aspectos de la patología de la cefalea, como la liberación del péptido relacionado con el gen de la calcitonina (CGRP).[18] El CGRP es un vasodilatador excepcionalmente potente, lo que significa que provoca que los vasos sanguíneos se destensen.[19] Lo liberan ciertas neuronas del sistema nervioso central en respuesta a la señalización de citocinas inflamatorias. En este contexto, se cree que el propósito de la liberación de CGRP es su capacidad para abrir la barrera hematoencefálica, haciendo que las células que forman la barrera estrechamente

17. Shih-Pin Chen, *et al.*, «Vagus Nerve Stimulation Inhibits Cortical Spreading Depression», *Pain,* vol. 157, n.º 4 (2016): 797. doi: 10.1097/j.pain.0000000000000437. PMID: 26645547; PMCID: PMC4943574.

18. Elizabeth J. Bowen, *et al.*, «Tumor Necrosis Factor–*A* Stimulation of Calcitonin Gene-Related Peptide Expression and Secretion from Rat Trigeminal Ganglion Neurons», *Journal of Neurochemistry,* vol. 96, n.º 1 (2006): 65-77. https://doi.org/10.1111/j.1471-4159.2005.03524.x

19. S. D. Brain, T. J. Williams, J. R. Tippins, H. R. Morris, I. MacIntyre, «Calcitonin Gene-Related Peptide Is a Potent Vasodilator», *Nature,* vol. 313, n.º 5997 (1985): 54-56. doi: 10.1038/313054a0.

entretejida se vuelvan permeables. Esto permite la afluencia de células inmunitarias circulantes (monocitos) que se infiltran en el cerebro para convertirse en macrófagos proinflamatorios transitorios en respuesta a la inflamación. Se cree que el CGRP desencadena o al menos amplifica el desarrollo de los ataques de migraña. Se han diseñado varios fármacos de anticuerpos y moléculas pequeñas para tratar las cefaleas, bien dirigiéndose directamente al CGRP, bien dirigiéndose y bloqueando el receptor del CGRP para que éste no pueda acceder a él.

Paul Durham, de la Universidad de Missouri, lleva décadas estudiando el CGRP y las migrañas y ha buscado técnicas seguras para inhibir los efectos de la liberación de CGRP en el contexto del dolor de cabeza.

La utilización segura de cualquier agente de este tipo es importante para Paul porque sabe que el CGRP y sus receptores tienen funciones esenciales en todo el cuerpo, por ejemplo, en el sistema cardiovascular y en la retina. También es crucial para la cicatrización normal de las heridas. Así pues, en su opinión, la modulación del CGRP en el sistema nervioso central para prevenir las migrañas debe ser muy selectiva y presentar mínimos efectos no deseados.[20]

Por supuesto, existe otra estrategia, que consiste en inhibir la fabricación y liberación de CGRP sólo en ese entorno. Como probablemente esté imaginando el lector, las terapias que suprimen o inhiben el proceso inflamatorio podrían tener este efecto deseado.

En 2015, a Paul Durham se le presentó la posibilidad de que la estimulación del nervio vago (VNS) fuera precisamente una terapia dirigida de este tipo y empezó a trabajar con la VNS en un modelo innovador de susceptibilidad a la migraña inducida por inflamación que él mismo desarrolló.

En varios aspectos clave, el modelo animal de migraña de Paul Durham puede que sea el más parecido al estado natural que se puede generar. En modelos anteriores de migraña (u otros trastornos del dolor),

---

20. Antoinette Maassen Van Den Brink, Joris Meijer, Carlos M. Villalón, Michel D. Ferrari, «Wiping Out CGRP: Potential Cardiovascular Risks», *Trends in Pharmacological Sciences,* vol. 37, n.º 9 (2016): 779-788. https://doi.org/10.1016/j.tips.2016.06.002

incluidos los de Michael Oshinsky comentados anteriormente, la sensibilización de un animal sometido a tratamiento lo deja con un dolor crónico antinatural y el correspondiente comportamiento alterado. La exposición posterior a desencadenantes conocidos de la migraña provoca una amplificación de las respuestas de dolor ya existentes.

No es lo mismo no sentir dolor y luego experimentar un ataque de migraña. En el modelo de Paul Durham, él y sus colegas inyectan una sustancia proinflamatoria, la CFA, en los músculos del hombro de las ratas. En su modelo, la cantidad de CFA se ha calculado de modo que provoque una respuesta inflamatoria natural que persista durante varios días, pero no genere un estado de dolor crónico.

Sin embargo, tras ocho días de convivencia con la inflamación, los animales se han sensibilizado y responden a los desencadenantes del dolor de cabeza.

En este modelo, Paul y su equipo expusieron a los animales sensibilizados a un desencadenante del dolor de cabeza llamado *umbelulona* y, mientras que los animales sensibilizados experimentaban de forma fiable un dolor extremo que les provocaba literalmente congelación, la estimulación no invasiva del nervio vago (nVNS) era capaz de evitar esa respuesta, tanto si la nVNS se suministraba antes como después de la exposición al desencadenante.

Y lo que es más interesante, Durham y sus colegas demostraron que, si a los animales se les proporcionaba una nVNS sólo dos veces al día durante dos minutos cada vez durante la fase inicial de sensibilización con la CFA, éstos nunca llegaban a ser susceptibles al desencadenante.

Ante estos resultados, Paul fue más allá en su investigación, examinando a los animales en busca de pruebas de alteración de la expresión de citocinas.

Su investigación, previa al uso de la nVNS, había demostrado que los animales sensibilizados expuestos a desencadenantes del dolor de cabeza mostraban signos agudos de producción de citoquinas inflamatorias, así como una producción y liberación elevadas de CGRP. En los estudios con la aplicación de la nVNS, Paul demostró que se suprimía la producción de citocinas (y la expresión proteica asociada a una respuesta proinflamatoria). Esto fue indicativo de un menor nivel de producción y liberación de CGRP.[21]

Intrigado por los hallazgos de Paul, Cenk Ayata volvió a sus propios modelos y estudió los efectos de las CSD en la expresión de citocinas inflamatorias y de CGRP, con y sin la nVNS.

Según sus conclusiones publicadas, la nVNS puede reducir tanto la expresión de citocinas inflamatorias desencadenadas por las CSD como la liberación de CGRP.[22] Dados los hallazgos clínicos y las posteriores autorizaciones de la Administración de Alimentos y Medicamentos (FDA) para la nVNS como tratamiento de la migraña aguda y como terapia preventiva para reducir la incidencia de la migraña (y otras cefaleas graves), existen pruebas sólidas de que la nVNS puede ser una terapia potente contra la migraña y de que los mecanismos por los que actúa incluyen la reducción del glutamato, la inhibición de la inflamación y la supresión de la expresión de CGRP.

EL CÍRCULO VICIOSO DE LA INFLAMACIÓN

Los fenómenos que se han tratado en los últimos apartados implican tres componentes centrales que forman un bucle de retroalimentación,

21. Jordan L. Hawkins, Lauren E. Cornelison, Brian A. Blankenship, Paul L. Durham, «Vagus Nerve Stimulation inhibits Trigeminal Nociception in a Rodent Model of Episodic Migraine», *Pain Reports,* vol. 2, n.º 6 (2017). doi: 10.1097/PR9.0000000000000628. PMID: 29392242; PMCID: PMC5741328; Romina Nassini, *et al.*, «The 'Headache Tree' via Umbellulone and TRPA1 Activates the Trigeminovascular System», *Brain,* vol. 135, n.º 2 (2012): 376-390. https://doi.org/10.1093/brain/awr272; Lauren E. Cornelison, Jordan L. Hawkins, Sara E. Woodman, Paul L. Durham, «Noninvasive Vagus Nerve Stimulation and Morphine Transiently Inhibit Trigeminal Pain Signaling in a Chronic Headache Model», *Pain Reports,* vol. 5, n.º 6 (2020). doi: 10.1097/PR9.0000000000000881. PMID: 33364541; PMCID: PMC7752694.
22. Tzu-Ting Liu, *et al.*, «Efficacy Profile of Noninvasive Vagus Nerve Stimulation on Cortical Spreading Depression Susceptibility and the Tissue Response in a Rat Model», *The Journal of Headache and Pain,* vol. 23, n.º 1 (2022): 1-13. https://doi.org/10.1186/s10194-022-01384-1

o círculo vicioso, en el que cada elemento se ve exacerbado por el otro (*véase* la «Fig.1»).[23,24,25]

BUCLE DE RETROALIMENTACIÓN DE LA NEUROPATOLOGÍA (*Fig. 1*)

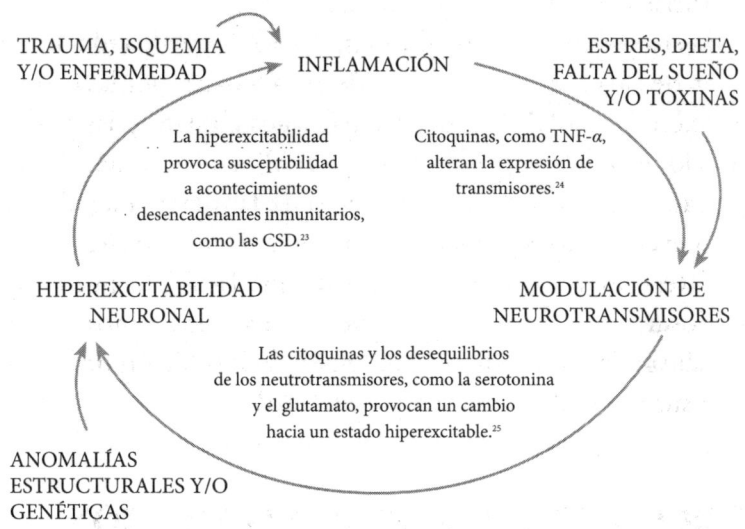

TRAUMA, ISQUEMIA Y/O ENFERMEDAD

INFLAMACIÓN

ESTRÉS, DIETA, FALTA DEL SUEÑO Y/O TOXINAS

La hiperexcitabilidad provoca susceptibilidad a acontecimientos desencadenantes inmunitarios, como las CSD.[23]

Citoquinas, como TNF-α, alteran la expresión de transmisores.[24]

HIPEREXCITABILIDAD NEURONAL

MODULACIÓN DE NEUROTRANSMISORES

Las citoquinas y los desequilibrios de los neutrotransmisores, como la serotonina y el glutamato, provocan un cambio hacia un estado hiperexcitable.[25]

ANOMALÍAS ESTRUCTURALES Y/O GENÉTICAS

23. Gursoy-Ozdemir, *et al.*, «Cortical Spreading Depression Activates and Upregulates MMP-9», *The Journal of Clinical Investigation,* vol. 113, n.º 10 (2004): 1447-1455. doi: 10.1172/JCI21227. PMID: 15146242; PMCID: PMC406541.

24. Brebner, *et al.*, «Synergistic Effects of Interleukin-1β, Interleukin-6, and Tumor Necrosis Factor-α», *Neuropsychopharmacology,* vol. 22, n.º 6 (2000): 566-580. https://doi.org/10.1016/S0893-133X(99)00166-9; Zhu, *et al.*, «The Proinflammatory Cytokines Interleukin-1beta and Tumor Necrosis Factor-Alpha Activate Serotonin Transporters», *Neuropsychopharmacology,* vol. 31, n.º 10 (2006): 2121-2131. doi: 10.1038/sj.npp.1301029. Epub 2006 Feb 1. PMID: 16452991.

25. Ricci, *et al.*, «Astrocyte–Neuron Interactions in Neurological Disorders», *The Journal of Biological Physics,* vol. 35 (2009): 317-336. doi: 10.1007/s10867-009-9157-9. Epub 2009 May 14. PMID: 19669420; PMCID: PMC2750745; Hansson, *et al.*, «Glial Neuronal Signaling in the Central Nervous System», *FASEB Journal,* vol. 17, n.º 3 (2003): 341-348. doi: 10.1096/fj.02-0429rev. PMID: 12631574; Zou, *et al.*, «TNFα Potentiates Glutamate Neurotoxicity by Inhibiting Glutamate Uptake in Organotypic Brain Slice Cultures», *Brain Research,* vol. 1034, n.º 1-2 (2005): 11-24. https://doi.org/10.1016/j.brainres.2004.11.014; Pickering, *et al.*, «Actions of TNF-α on Glutamatergic Synaptic Transmission in the Central Nervous System», *Experimental Physiology,* vol. 90, n.º 5 (2005): 663-670. https://doi.org/10.1113/expphysiol.2005.030734

La inflamación, desencadenada por una lesión o un agente patógeno, lleva a la activación de las células inmunitarias innatas. Dentro del cerebro, la microglía pasa a ser proinflamatoria y produce citoquinas que alteran la expresión de los neurotransmisores. Este desequilibrio, que también puede derivarse del estrés, la dieta y/o las toxinas, modifica los umbrales de excitación en el cerebro, lo que conduce a una susceptibilidad a los fenómenos de hiperexcitación, como los CSD e incluso las convulsiones. Estos acontecimientos desencadenan una inflamación adicional, perpetuando el bucle patológico.

La estimulación del nervio vago (VNS) tiene la capacidad de suprimir la expresión central (y periférica) de citoquinas mediante una reorientación de la microglía (y los macrófagos). La liberación de acetilcolina del núcleo basal de Meynert en el cerebro (y de las células ChAT+ en el bazo) activa la vía antiinflamatoria colinérgica esplénica (CAP) para devolver a estas células a su estado homeostático.[26] Al reducir la expresión de citocinas, aumentan los niveles de neurotransmisores inhibidores, como la serotonina, y se moderan los neurotransmisores excitadores asociados a la respuesta inflamatoria, como el glutamato. Los riesgos de fenómenos de hiperexcitación, como las convulsiones y la depresión de propagación cortical, se reducen con la estimulación del nervio vago porque se restablece el equilibrio de excitación e inhibición (al eliminarse los desequilibrios causados por la influencia de la señalización inflamatoria).

La VNS influye en el estado de inflamación, tendiendo a suprimir la activación microglial y a reducir la expresión de citoquinas. La VNS también activa los mecanismos de recaptación en los astrocitos para

26. Donald B. Hoover, «Cholinergic Modulation of the Immune System Presents New Approaches for Treating inflammation», *Pharmacology & Therapeutics,* vol. 179 (2017): 1-16. doi: 10.1016/j.pharmthera.2017.05.002. Epub 2017 May 18. PMID: 28529069; PMCID: PMC5651192; Robert Kaczmarczyk, Dario Tejera, Bruce J. Simon, Michael T. Heneka, «Microglia Modulation through External Vagus Nerve Stimulation in a Murine Model of Alzheimer's Disease», *Journal of Neurochemistry,* vol. 146, n.º 1 (2018): 76-85. doi: 10.1111/jnc.14284. https://onlinelibrary.wiley.com/doi/epdf/10.1111/jnc.14284; Javier Egea, *et al.*, «Anti-Inflammatory Role of Microglial Alpha7 nAChRs and Its Role in Neuroprotection», *Biochemical Pharmacology,* vol. 97, n.º 4 (2015): 463-472. https://doi.org/10.1016/j.bcp.2015.07.032

captar el glutamato en exceso y activa los núcleos del tronco encefálico asociados con la expresión de neurotransmisores inhibidores. Los efectos supresores sobre el estado de inflamación del sistema nervioso central y los efectos moduladores sobre los niveles de expresión de varios neurotransmisores son probablemente los fundamentos mecanísticos generales que explican el efecto de la VNS sobre los umbrales eléctricos y la susceptibilidad a las CSD. La VNS también tiene un efecto supresor sobre otras consecuencias de la hiperexcitación, entre las que se incluyen el deterioro de la inhibición descendente, el déficit de habituación, la sensibilización central y el procesamiento inadecuado del dolor.[27]

ACCIDENTE VASCULAR CEREBRAL

El ictus es un acontecimiento devastador que resulta letal hasta en un tercio de los casos y suele dejar déficits neurológicos en la mayoría de

27. Esther Parada, et al., «The Microglial ⍺7-Acetylcholine Nicotinic Receptor Is a Key Element in Promoting Neuroprotection by Inducing Heme Oxygenase-1 via Nuclear Factor Erythroid-2-Related· Factor 2», Antioxidants & Redox Signaling, vol. 19, n.º 11 (2013): 1135-1148. doi: 10.1089/ars.2012.4671. Epub 2013 Feb 25. PMID: 23311871; PMCID: PMC3785807; Ariana Q. Farrand, et al., «Vagus Nerve Stimulation Improves Locomotion and Neuronal Populations in a Model of Parkinson's Disease», Brain Stimulation, vol. 10, n.º 6 (2017): 1045-1054. doi: 10.1016/j.brs.2017.08.008. Epub 2017 Aug 24. PMID: 28918943; PMCID: PMC5675746; Stella Manta, Jianming Dong, Guy Debonnel, Pierre Blier, «Enhancement of the Function of Rat Serotonin and Norepinephrine Neurons by Sustained Vagus Nerve Stimulation», Journal of Psychiatry and Neuroscience, vol. 34, n.º 4 (2009): 272-280 PMID: 19568478; PMCID: PMC2702444; J. P. Errico, «The Role of Vagus Nerve Stimulation in the Treatment of Central and Peripheral Pain Disorders and Related Comorbid Somatoform Conditions», Neuromodulation (2018): 1551-1564. https://doi.org/10.1016/B978-0-12-805353-9.00132-7; Shih-Pin Chen, et al., «Vagus Nerve Stimulation Inhibits Cortical Spreading Depression», Pain, vol. 157, n.º 4 (2016): 797. doi: 10.1097/j. pain.0000000000000437. PMID: 26645547; PMCID: PMC4943574; Hsiangkuo Yuan, Stephen D. Silberstein, «Vagus Nerve and Vagus Nerve Stimulation, a Comprehensive Review: Part III», Headache: the Journal of Head and Face Pain, vol. 56, n.º 3 (2016): 479-490. https://doi.org/10.1111/head.12649

los supervivientes. La recuperación puede ser dura y, a menudo, conlleva escasas esperanzas de recuperar todas las funciones, sobre todo en los ancianos. Durante un ictus isquémico (la inmensa mayoría de los ictus son de este tipo), se priva de oxígeno a una región del cerebro. Dentro de esta región, una población de neuronas muere por hipoxia extrema. Las neuronas de un volumen circundante, denominado penumbra, se ven sometidas a un importante estrés oxidativo.

En este caso, el estrés oxidativo se refiere a una rápida interrupción de la OXPHOS (que produce energía de tipo ATP) en las mitocondrias de las neuronas (así como en las células circundantes). Para compensar la falta de generación de ATP (sin oxígeno, la respiración aeróbica falla rápidamente), las células desesperadas utilizan un proceso bioquímico denominado reacción de adenilato quinasa para combinar dos moléculas de ADP y producir un AMP y un ATP. (Literalmente, se toman dos moléculas que tienen cada una dos grupos de fosfato y se reorganizan para que una tenga tres y la otra sólo uno). Las células tienen un sistema regulador muy sensible para mantener un equilibrio de AMP:ADP:ATP, y esta vía «de reserva» para generar ATP produce mucho más AMP mientras utiliza el ADP. Este desequilibrio de AMP:ADP:ATP desencadena una cascada de respuestas, todas ellas relacionadas con la proteína cinasa activada por AMP (la AMPK). La AMPK puede ser muy útil para mantener la salud y la longevidad, como veremos en el último capítulo, y se está estudiando como diana para terapias farmacológicas en el contexto de las lesiones neuroisquémicas. Sin embargo, en el caso del ictus isquémico, los períodos prolongados de actividad de la AMPK conducen a la muerte de las células neuronales.[28]

28. Graeme J. Gowans, D. Grahame Hardie, «AMPK: A Cellular Energy Sensor Primarily Regulated by AMP», (2014): 71-75. doi: 10.1042/BST20130244. PMID: 24450630; PMCID: PMC5703408; Shuai Jiang, et al., «AMPK: Potential Therapeutic Target for Ischemic Stroke», Theranostics, vol. 8, n.º 16 (2018): 4535. doi: 10.7150/thno.25674. PMID: 30214637; PMCID: PMC6134933; Manwani, B., McCullough, L.D., «Function of the Master Energy Regulator Adenosine Monophosphate-Activated Protein Kinase in Stroke», Journal of Neuroscience Research, vol. 91, n.º 8 (2013): 1018-1029. doi: 10.1002/jnr.23207. Epub 2013 Mar 6. PMID: 23463465; PMCID: PMC4266469.

Este estrés oxidativo inducido por la isquemia se caracteriza por un alto nivel de inflamación y depresiones de propagación cortical (CSD) que se expanden desde el lugar donde se produjo el ictus. Recordemos que, en el apartado anterior sobre el dolor de cabeza, Cenk Ayata demostró que los CSD activan la microglía, que, a su vez, hace que la barrera hematoencefálica se vuelva permeable y permita la entrada de células inmunitarias circulantes. La mejor descripción de estas células es que son propensas a la violencia. Sin protección contra la microglía activada y la afluencia de estos macrófagos adicionales, entre tres y cinco días después de un ictus agudo, el volumen de tejido cerebral muerto (la lesión) puede multiplicarse por dos o tres, aunque se restablezca el acceso al oxígeno.

Se ha propuesto la teoría de que los CSD son una señal para las células nerviosas de la región circundante de que los niveles de oxígeno pueden permanecer bajos durante períodos prolongados y de que las células deben prepararse para ese nuevo estado de oxigenación. De hecho, se ha demostrado que los CSD utilizados para preacondicionar cerebros tres días antes de un evento isquémico reducen el tamaño final de la lesión en un 50 %.[29] Se ha demostrado, también, que el preacondicionamiento con isquemia ayuda a reducir el rechazo del trasplante resultante de la inflamación y puede implicar la activación de la vía AMPK. Ilknur y Hakan Ay son un matrimonio de investigadores en el campo del ictus. Ilknur es la investigadora científica, mientras que su marido Hakan es neurocirujano en ejercicio, ambos en el campo del ictus. La investigación de Ilknur sobre el uso de la VNS para el tratamiento del ictus ha demostrado la capacidad de la terapia para reducir el daño colateral (el daño que se produce tras el episodio hipóxico inicial) en más de un 70 %.[30]

29. Andre G. Douen, *et al.*, «Preconditioning with Cortical Spreading Depression Decreases Intraischemic Cerebral Glutamate Levels and Down-Regulates Excitatory Amino Acid Transporters EAAT1 and EAAT2 from Rat Cerebral Cortex Plasma Membranes» *Journal of Neurochemistry,* vol. 75, n.º 2 (2000): 812-818. doi: 10.1046/j.1471-4159.2000.0750812.x. PMID: 10899959.

30. Ilknur Ay, Jie Lu, Hakan Ay, A. Gregory Sorensen, «Vagus Nerve Stimulation Reduces Infarct Size in Rat Focal Cerebral Ischemia» *Neuroscience Letters,* vol. 459, n.º 3 (2009): 147-151. https://doi.org/10.1016/j.neulet.2009.05.018

Los análisis del tejido cerebral tras una apoplejía suelen mostrar niveles elevados de citoquinas inflamatorias y evidencias de daño y muerte. En los animales estimulados, sin embargo, estos niveles se redujeron significativamente. También se observó una reducción de los marcadores de activación de la microglía.[31]

El trabajo de Ilknur fue reproducido y ampliado por Yi Yang, de la Universidad de Nuevo México, en un estudio similar en el que también se analizaron los efectos sobre la barrera hematoencefálica tras el ictus.[32] Tras un ictus, como ya se ha dicho, la barrera hematoencefálica se vuelve permeable, lo que deja paso libre a los monocitos reclutados para que entren en el cerebro, agravando la inflamación. La estimulación del nervio vago no invasiva (nVNS) impidió la apertura de la barrera, manteniendo fuera a los macrófagos reclutados y permitiendo que la lesión se mantuviera cerca de la lesión anóxica original.

Estos resultados han dado lugar a un estudio clínico en humanos, en el que los grupos de tratamiento (dosis alta y baja de nVNS) sólo mostraron un aumento del 63% en el tamaño de las lesiones, en comparación con el aumento del 184% en los grupos de control. La estimulación no invasiva del nervio vago parece tener la capacidad de disminuir el daño colateral resultante de la inflamación en aproximadamente dos tercios (66%) en humanos.[33] Queda mucho trabajo por hacer antes de que la estimulación no invasiva del nervio vago pueda aprobarse para el tratamiento del ictus agudo, pero la intuición sugiere (y los estudios en animales lo han demostrado sistemáticamente) que

31. Ilknur Ay, Rena Nasser, Bruce Simon, Hakan Ay, «Transcutaneous Cervical Vagus Nerve Stimulation Ameliorates Acute Ischemic Injury in Rats» *Brain Stimulation,* vol. 9, n.º 2 (2016): 166-173. doi: 10.1016/j.brs.2015.11.008. Epub 2015 Dec 1. PMID: 26723020; PMCID: PMC4789082.

32. Yirong Yang, *et al.*, «Non-Invasive Vagus Nerve Stimulation Reduces Blood-Brain Barrier Disruption in a Rat Model of Ischemic Stroke» *Brain Stimulation,* vol. 11, n.º 4 (2018): 689-698. doi: 10.1016/j.brs.2018.01.034. Epub 2018 Feb 15. PMID: 29496430; PMCID: PMC6019567.

33. Bin Zhou, Pablo Perel, George A. Mensah, Majid Ezzati, «Global Epidemiology, Health Burden, and Effective Interventions for Elevated Blood Pressure and Hypertension», *Nature Reviews Cardiology,* vol. 18, n.º 11 (2021): 785--802. doi: 10.1038/s41569-021-00559-8. Epub 2021 May 28. PMID: 34050340; PMCID: PMC8162166.

un menor tamaño de la lesión se correlacionará con una menor mortalidad y una recuperación más rápida de la función.

ANEURISMA CEREBRAL

El término aneurisma cerebral suele entenderse mal. Un aneurisma es una estructura en forma de burbuja que se hincha a partir de un vaso sanguíneo que se ha debilitado y se expande en el lugar de una pared debilitada. Aunque los aneurismas cerebrales son la condición previa subyacente que provoca muchos accidentes vasculares cerebrales hemorrágicos, los aneurismas suelen formarse y existir sin ningún síntoma. No obstante, en este punto acaban las buenas noticias.

Las estadísticas de la Fundación del Aneurisma Cerebral sugieren que aproximadamente 1 de cada 50 estadounidenses adultos (6,5 millones de personas) viven con aneurismas cerebrales. Además, considera que, entre estas bombas de relojería, una estalla algo más de tres veces por hora en EE. UU. y, la mitad de las veces, la rotura del aneurisma es mortal (aproximadamente uno de cada siete pacientes ni siquiera llega al hospital). La mitad de las víctimas mortales son menores de cincuenta años y cerca de medio millón de personas mueren cada año en el mundo por la rotura de un aneurisma. De los que tienen la suerte de sobrevivir, dos tercios quedan con un déficit neurológico permanente. Con todo este riesgo, es sorprendente y deprime darse cuenta de que el gasto en investigación de aneurismas cerebrales es de unos dos dólares por persona afectada.

Que uno de cada cincuenta adultos padezca un aneurisma cerebral no significa que el 2 % de la población esté destinada a sufrir un espeluznante episodio hemorrágico. La mayoría de los aneurismas son pequeños y entre el 50 y el 80 % de todos los aneurismas pequeños no se rompen. Por supuesto, eso significa que al menos 1 de cada 5 y, quizás, hasta 1 de cada 2 se rompen. Entre el 1 y el 4 % de las personas que acuden a urgencias por cefaleas intensas de aparición súbita tienen en realidad aneurismas rotos.

El diagnóstico puede conducir a intervenciones quirúrgicas (como espirales neurovasculares y procedimientos de clipaje) antes de la rotura, pero la localización del aneurisma puede impedir el acceso quirúrgico y, por casualidades del destino, los aneurismas de más difícil acceso suelen ser los más letales cuando se rompen.

¿Estás suficientemente aterrorizado? Pues bien, he a continuación otro hecho que tiene preocupados a los responsables de la sanidad pública. La hipertensión (abordada en el capítulo siguiente), que va en aumento, está fuertemente correlacionada con la formación de aneurismas. Según los Centros para el Control de Enfermedades, cerca de la mitad (47%) de los adultos estadounidenses padecen hipertensión y sólo uno de cada cuatro la tiene controlada médicamente. Majid Ezzati, de la Escuela de Salud Pública del Imperial College de Londres, informó de que el número de adultos hipertensos en el mundo se duplicó durante los veintinueve años transcurridos entre 1990 y 2019.[34]

¿Cómo intervienen los macrófagos y la microglía en el aneurisma cerebral? Recordemos que una de las funciones clave de la microglía durante el desarrollo es construir la red vascular que suministra sangre y oxígeno al cerebro. Dentro de los vasos sanguíneos recién formados, los primos de la microglía, que son los macrófagos vasculares y perivasculares, se encargan de remodelar el revestimiento y el músculo liso, lo que puede implicar la expansión del vaso sanguíneo para dar cabida a un flujo elevado, reduciendo la presión. Uno de los pasos de este proceso consiste en romper los enlaces estructurales entre las células que recubren el vaso mediante metaloproteinasas de matriz (abreviadas en inglés, MMP). Cuando existe hipertensión y hay inflamación sistémica, estos macrófagos se desencadenan para iniciar una remodelación inadecuada de los vasos sanguíneos, lo que conduce a la liberación de MMP, debilitando la pared de los vasos.

Dado su papel central en la expresión de citocinas y la liberación de MMP, no es de extrañar que la presencia de macrófagos activados sea crucial para la formación del aneurisma, así como para su progresión y rotura final. Dada la capacidad de la estimulación del nervio vago para

34. Bin Zhou, Pablo Perel, George A. Mensah, Majid Ezzati, «Global Epidemiology, Health Burden and Effective Interventions for Elevated Blood Pressure and Hypertension», *Nature Reviews Cardiology*, vol. 18, n.º 11 (2021): 785-802. doi: 10.1038/s41569-021-00559-8. Epub 2021 May 28. PMID: 34050340; PMCID: PMC8162166.

inhibir los macrófagos inflamatorios, Cenk Ayata también estudió sus efectos en modelos animales de aneurisma.[35]

Más concretamente, Cenk y sus colegas probaron la estimulación no invasiva del nervio vago (nVNS) para ver si podía inhibir la rotura de aneurismas y/o el alcance del daño que causan. Para generar hipertensión, se sometió a ratas a nefrectomías unilaterales (se les extirpó un riñón) para hacerlas susceptibles a la medicación y a la hipertensión inducida por sal. Los grupos de animales se separaron además en grupos leves y graves, con la diferencia de la dosificación de la comida rica en sal y la medicación. En lugar de inyectar MMP, los investigadores utilizaron una enzima de acción más rápida llamada elastasa para debilitar los vasos sanguíneos cerebrales. El resultado de esta preparación fue la aparición de múltiples aneurismas y roturas espontáneas (es decir, hemorragias subaracnoideas).

En este estudio, la nVNS se aplicó a las cohortes de tratamiento activo de cada grupo (moderado y grave) durante cuatro minutos al día (dos dosis de 2 minutos separadas por una pausa de 5 minutos). Esto se inició un día después de administrar la elastasa y continuó hasta el sacrificio de los animales. En el grupo moderado, la nVNS redujo la tasa de rotura del aneurisma en un notable 50 % (29 % frente a 80 %). Quizá igual de importante fue la observación de que las hemorragias subaracnoideas que sí se produjeron fueron significativamente menos dañinas. De hecho, todos menos uno de los animales tratados con la estimulación del nervio vago (VNS) no experimentaron déficits neurológicos y las roturas fueron todas de grado cero (el más bajo posible).

En el grupo de animales en estado grave (medicación alta y sal), todos los animales sufrieron roturas al final del estudio. Sin embargo, los animales de este grupo que recibieron la nVNS tuvieron más del doble de tiempo de supervivencia, durando una media de trece días antes de sucumbir a la rotura de un aneurisma, frente a los animales

35. Tomoaki Suzuki, *et al.*, «Noninvasive Vagus Nerve Stimulation Prevents Ruptures and Improves Outcomes in a Model of Intracranial Aneurysm in Mice», *Stroke,* vol. 50, n.º 5 (2019): 1216-1223. https://doi.org/10.1161/STROKEA-HA.118.02392

que no recibieron tratamiento, que sobrevivieron una media de sólo seis días.

Las investigaciones *post mortem* de los animales revelaron que los animales tratados con nVNS tenían una expresión significativamente menor de MMP, específicamente MMP-9, lo que llevó a Cenk y sus colegas a concluir: «Se ha demostrado que la estimulación no invasiva del nervio vago reduce las tasas de ruptura del aneurisma y mejora los resultados después de la ruptura del aneurisma y puede implicar una expresión reducida de MMP-9 como un mecanismo potencial de acción».[36] Dado el papel de la nVNS en la reducción del estado inflamatorio de los macrófagos y el papel decisivo que juegan los macrófagos inflamatorios en la creación de aneurismas cerebrales, un interesante estudio de seguimiento que podría realizarse sería el uso de la nVNS durante la fase inicial generadora de aneurismas para ver si puede inhibir su creación. Aunque un estudio clínico en seres humanos para demostrar una menor incidencia de formación de aneurismas entre pacientes hipertensos requeriría una población muy numerosa y estaría condicionado por muchos factores (p. ej., adherencia al tratamiento y dieta baja en sal), el sólido perfil de seguridad de la nVNS junto con su coste relativamente bajo la convierten en una terapia preventiva fácil para aquellos preocupados por el riesgo de desarrollarlos.

36. Suzuki, *et al.*, «Noninvasive Vagus Nerve Stimulation Prevents Ruptures», Mayo 2019; 50(5): 1216-1223. doi: 10.1161/STROKEAHA.118.023928. PMID: 30943885; PMCID: PMC6476688.

CAPÍTULO 4

ACTIVIDAD METABÓLICA Y SÍNDROME METABÓLICO

En esencia, la actividad metabólica se refiere a la generación y utilización de energía en forma de ATP para impulsar las reacciones bioquímicas que hacen funcionar la vida. En el caso de un organismo pluricelular, el metabolismo también puede hacer referencia al movimiento de los recursos energéticos por todo el cuerpo, incluyendo la creación, almacenamiento, transporte y utilización del combustible bioquímico. Los lípidos (en forma de ácidos grasos y triglicéridos) y los azúcares (a menudo en forma de glucosa) son los recursos combustibles que se transportan con más frecuencia por el organismo para suministrar energía de un lugar a otro. Una vez que llegan a las células que los necesitan, estos compuestos se entregan a los mecanismos (enzimas glucolíticas que flotan por toda la célula y las mitocondrias) que los descomponen para generar ATP.

La fuente de estos combustibles suele proceder de los alimentos que ingerimos, bien directamente del tubo digestivo, bien liberados posteriormente al torrente sanguíneo por el hígado, que tiene la capacidad de generar moléculas de alta energía a partir de las reservas de grasa y de una molécula llamada glucógeno.

Un lugar primario de almacenamiento de energía es la grasa, o células adiposas, y existen varias formas de ésta, normalmente clasificadas por color y función (por ejemplo, grasa marrón y *beige,* o tejido adiposo blanco).

La Clínica Mayo define el síndrome metabólico (en inglés, *MetS*) como «un conjunto de afecciones que se dan juntas y que aumentan el riesgo de padecer enfermedades cardíacas, derrames cerebrales y diabetes de tipo 2. Estas afecciones incluyen un exceso de grasa corporal alrededor de la cintura, un nivel elevado de azúcar en sangre, y niveles anormales de colesterol o triglicéridos».[1] Los datos indican que, en la mayoría de los países del mundo, entre el 12 y el 33 % de los adultos padecen síndrome metabólico. Los Institutos Nacionales de Salud (NIH) informan de que EE. UU. encabeza o está cerca de encabezar esa lista, con más de uno de cada tres adultos que padecen el síndrome metabólico. Aunque la definición de pandemia requiere que la enfermedad sea infecciosa, no cabe duda de que el síndrome metabólico afecta a un número de personas similar al de una pandemia.

Según las recomendaciones del Instituto Nacional del Corazón, los Pulmones y la Sangre, , y de la Asociación Americana del Corazón, el diagnóstico de síndrome metabólico requiere que se cumplan tres de las cinco observaciones siguientes:[2]

- Obesidad abdominal;
- Hipertensión;
- Alteraciones de la glucosa en ayunas;
- Niveles altos de triglicéridos, y
- HDL bajo (colesterol bueno bajo).

El sitio web de la Facultad de Medicina Johns Hopkins añade algo de contexto a estos factores, afirmando que «[S]e trata de factores interconectados. La obesidad más un estilo de vida sedentario contribuyen a los factores de riesgo del síndrome metabólico (SM). Entre ellos están el colesterol alto, la resistencia a la insulina y la hipertensión arterial». De hecho, las afirmaciones de que «la obesidad abdominal es el com-

---

1. Mayo Clinic, «Metabolic Syndrome», 6 de mayo, 2021, www.mayoclinic.org/diseases-conditions/metabolic-syndrome /symptoms-causes/syc-20351916. Mayo Clinic, «Síndrome Metabólico», 20 de junio, 2019, www.mayoclinic.org/es/diseases-conditions/metabolic-syndrome/symptoms-causes/syc-20351916
2. National Heart, Lung, and Blood Institute, «What Is Metabolic Syndrome?», consultado el 19 de octubre, 2023, www.nhlbi.nih.gov/health/metabolic-syndrome

ponente más frecuentemente observado del síndrome metabólico»[3] apoyan la idea de que la obesidad abdominal, en sí misma, no sólo puede ser un factor de riesgo común, sino que, de hecho, es una indicación directa de la causa principal; es decir, las demás observaciones necesarias para el diagnóstico de SM son simplemente consecuencias de esa causa principal.

Más concretamente, una encuesta mundial sobre la obesidad realizada en 2015 informó de que más de 700 millones de personas (>604 millones de adultos) eran obesas y que las tasas de obesidad se habían duplicado en un período de treinta a cuarenta años en más de un tercio de los países encuestados. A su vez, la mayoría de los demás países también experimentaron aumentos significativos.[4] Quizá sea más alarmante el hecho de que la prevalencia del síndrome metabólico aumenta a un ritmo que refleja las fases iniciales y medias, y no las finales, de una pandemia. Entre 1990 y 2015, la tasa mundial de mortalidad relacionada con un IMC (índice de masa corporal) elevado aumentó un 28,3 %. La extrema preocupación expresada tanto por los profesionales sanitarios como por los administradores sanitarios en relación con el síndrome metabólico está, por desgracia, totalmente justificada.

Estas preocupaciones se basan en los graves riesgos médicos que conlleva el diagnóstico de síndrome metabólico, como ictus, infarto de miocardio, amputación de miembros, insuficiencia hepática. Además, datos recientes sugieren riesgos significativamente elevados de trastornos neurodegenerativos. De hecho, un estudio longitudinal entre hombres finlandeses informó de que la mortalidad por cardiopatía coronaria, la mortalidad por enfermedades cardiovasculares y la mortalidad por todas las causas eran 3,77, 3,55 y 2,43 veces más probables,

---

3. John Hopkins Medicine, «Metabolic Syndrome», Hopkins Medicine, consultado el 19 de octubre, 2023, www.hopkinsmedicine.org/health/conditions-and-diseases/metabolic-syndrome; Engin, «The Definition and Prevalence of Obesity and Metabolic Syndrome», *Advances in Experimental Medicine and Biology*, vol. 960 (2017): 1-17. doi: 10.1007/978-3-319-48382-5_1. PMID: 28585193.

4. Afshin, *et al.*, «Health Effects of Overweight and Obesity in 195 Countries over 25 Years», *The New England Journal of Medicine*, vol. 377 (2017): 13-27. doi: 10.1056/NEJMoa1614362. Epub 2017 Jun 12. PMID: 28604169; PMCID: PMC5477817.

respectivamente, durante un período de doce años para los que padecían síndrome metabólico.[5]

Como se ha comentado en el último capítulo, entre las mujeres embarazadas, la inflamación sistémica asociada al síndrome metabólico aumenta los problemas de desarrollo físico, mental y emocional del feto mediante la programación intrauterina de la microglía y otros macrófagos residentes en los tejidos. Esto conduce a afecciones crónicas que van desde las respiratorias (asma), las del neurodesarrollo (autismo y esquizofrenia), las cardiovasculares (aterosclerosis) hasta las metabólicas (diabetes tipo 2) y las neurodegenerativas (enfermedad de Alzheimer). Por tanto, no es de extrañar que la identificación de la causa subyacente del síndrome metabólico, junto con el descubrimiento de tratamientos y/o prevenciones nuevos y más eficaces, sean tan buscados.

Como en todos los órganos, los macrófagos desempeñan un papel fundamental en la regulación del tejido de almacenamiento de grasa. De hecho, parece que la disfunción inicial que precede a todos los demás síntomas del síndrome metabólico es la incapacidad de los macrófagos residentes en el tejido adiposo para eliminar los desechos (células muertas) cuando las células adiposas se llenan de lípidos. Ésta es la función de eferocitosis de los macrófagos que se describió anteriormente en el capítulo 2 con respecto a la microglía que poda las sinapsis y elimina las neuronas y las células progenitoras neurales que no consiguen migrar o diferenciarse adecuadamente.

En particular, un ejemplo clásico de eferocitosis saludable por parte de los macrófagos es la eliminación de los aproximadamente cien mil millones de glóbulos rojos (RBC por su sigla en inglés) que mueren cada día de nuestra vida adulta. Como ocurre con muchos tipos de células, cuando una célula adiposa muere (idealmente mediante un proceso organizado y preprogramado denominado apoptosis, y no necrosis) un macrófago residente en el tejido adiposo engulle y elimina la célula muerta y libera factores de crecimiento que promueven que las

---

5. Lakka, *et al.*, «The Metabolic Syndrome and Total and Cardiovascular Disease Mortality in Middle-aged Men», *JAMA,* vol. 288, n.º 21 (2002): 2709-2716. doi: 10.1001/jama.288.21.2709.

células progenitoras generen una nueva célula adiposa que ocupe su lugar. Todo ello debe llevarse a cabo en un estado antiinflamatorio.

La eferocitosis exitosa es un proceso eficiente y rápido, pero, en parte, su tasa está limitada por el tamaño de la célula que se elimina. Las células de tejido adiposo senescente que son delgadas en el momento en que se someten a la célula programada se eliminan de esta manera eficiente, a pesar de estar cerca del extremo superior del rango de tamaño que los macrófagos residentes en el tejido adiposo sanos pueden eliminar sin ser coaccionadas a un estado proinflamatorio. Es decir, en el caso del tejido adiposo magro, que contiene pequeñas burbujas de almacenamiento de lípidos, el aclaramiento por los macrófagos residentes en el tejido adiposo puede seguir siendo antiinflamatorio. Este proceso estable sale mal cuando las células adiposas se llenan demasiado de lípidos.

Cuando las células adiposas están sobredimensionadas, la relación entre el volumen de tejido y los vasos sanguíneos que suministran oxígeno se hace demasiado grande, lo que conduce a una oxigenación reducida (hipoxia).

La hipoxia es un desencadenante proinflamatorio que conduce al reclutamiento de monocitos circulantes en el tejido adiposo expandido. La afluencia de monocitos circulantes reclutados se acelera a medida que aumentan los niveles de grasa, por lo que el número total de macrófagos (residentes en el tejido y recién llegados reclutados) aumenta aproximadamente del 5 al 10 % en los individuos delgados hasta el 40-50 % en el tejido adiposo blanco de los obesos mórbidos.

A medida que las células adiposas mueren y no se eliminan ni se sustituyen, el contenido lipídico empieza a acumularse en el tejido fuera del delimitado por las células.

Es decir, se produce un aumento de las concentraciones extracelulares de ácidos grasos libres (AGL). Algunos de los lípidos pueden ser engullidos por los macrófagos, pero el exceso de AGL en la matriz extracelular tiene capacidad para unirse y activar un conjunto de receptores denominados receptores de tipo Toll. Los receptores de tipo Toll son un grupo de receptores que existen desde hace mil millones de años o más y están presentes en casi todas las eucariotas. Su activación cumple una función proinflamatoria, reaccionando ante daños o patógenos para que los macrófagos residentes en el tejido adiposo pasen a un estado inflamado.

La desregulación de los macrófagos residentes en el tejido adiposo se agrava aún más cuando los macrófagos que se han vuelto proinflamatorios, junto con los macrófagos reclutados, rodean a las células adiposas hipertróficas, formando estructuras similares a coronas, e intentan limpiarlas. Esto conduce a la inflamación lipídica de los macrófagos residentes en el tejido adiposo, lo que hace que aparezcan espumosos y, al final, se vuelvan disfuncionales y necróticos. Las células espumosas son características de varias enfermedades relacionadas con el síndrome metabólico, incluida la aterosclerosis, que se trata con más detalle en otro apartado más adelante.

La señalización inflamatoria sistémica crónica, desencadenada por los macrófagos residentes en el tejido adiposo inflamados y los macrófagos reclutados, induce una serie de consecuencias negativas, entre ellas la resistencia a la insulina, que se describe con más detalle en el apartado dedicado a la diabetes tipo 2. Sin embargo, el término síndrome metabólico puede aplicarse más directamente a los cambios en la actividad metabólica intracelular a medida que las mitocondrias se vuelven marcadamente disfuncionales junto con niveles elevados de actividad inflamatoria.

INFLAMACIÓN Y DISFUNCIÓN MITOCONDRIAL

La señalización inflamatoria intercelular, como ocurre con las citocinas circulantes, está diseñada para alertar del peligro a las células circundantes (incluso distantes) y movilizarlas para que se defiendan a sí mismas y al organismo en su conjunto. Como se ha descrito en el contexto de la desregulación de la síntesis de serotonina, las citocinas inflamatorias motivan a las células a defenderse y esa defensa incluye el aumento de la producción de la enzima indolamina 2,3-dioxigenasa (IDO). Esto reduce la producción de serotonina y aumenta la de la cinurenina. Menos serotonina significa menos melatonina, pero un aumento de los radicales libres promotores de la vía de la cinurenina, hasta el ácido quinolínico. Esta pérdida de síntesis de serotonina es el mecanismo que explica los resultados de decenas de estudios que confirman una asociación positiva entre la depresión y la fatiga mental y física con la obesidad.[6]

Al igual que la microglía del cerebro experimentó una disfunción mitocondrial que empeoró la inflamación, los macrófagos residentes en el tejido adiposo también experimentan la amplificación bidireccional de la inflamación y el estrés oxidativo. Más concretamente, la inflamación afecta al ciclo del ácido cítrico (abreviado TCA), que está en el corazón de la bioquímica mitocondrial. El TCA convierte la glucosa en NADH y FADH para impulsar la cadena de transporte de electrones y la ATP sintasa. En una orientación proinflamatoria, los macrófagos residentes en el tejido adiposo expresan óxido nítrico sintasa inducible (iNOS), que, como su nombre indica, conduce a la síntesis de óxido nítrico (NO) y otras especies reactivas de nitrógeno. Estas moléculas tienen la capacidad de alterar la generación de ATP. Para quienes estén interesados, dos desregulaciones importantes de la TCA son: 1. la expresión de la enzima isocitrato deshidrogenasa (IDH), que conduce a lo que se denomina un fallo de continuidad en la TCA (es decir, se detiene), y una acumulación de citrato y aumento de la síntesis de ácidos grasos, y 2. la disminución de la actividad de la enzima succinato deshidrogenasa (SDH), que conduce a la acumulación de succinato (que es proinflamatorio) y a una producción adicional de NO.[7]

Recuerda que la enzima IDO también altera la síntesis de melatonina. Las mitocondrias generan especies reactivas de oxígeno (ROS) como parte de su función normal. Mientras que los antioxidantes

6. Yuri Milaneschi, W. Kyle Simmons, Elisabeth FC van Rossum, Brenda W. J. H. Penninx, «Depression and Obesity: Evidence of Shared Biological Mechanisms», *Molecular Psychiatry*, vol. 24, n.º 1 (2019): 18-33. doi: 10.1038/s41380-018-0017-5. Epub 2018 Feb 16. PMID: 29453413; Weonjeong Lim, Suzi Hong, Richard Nelesen, Joel E. Dimsdale, «The Association of Obesity, Cytokine Levels, And Depressive Symptoms with Diverse Measures of Fatigue in Healthy Subjects», *Archives of Internal Medicine*, vol. 165, n.º 8 (2005): 910-915. doi: 10.1001/archinte.165.8.910.

7. Abhishek K. Jha, *et al.et al.*, «Network Integration of Parallel Metabolic and Transcriptional Data Reveals Metabolic Modules That Regulate Macrophage Polarization», *Immunity*, vol. 42, (2015): 419-430. doi: 10.1016/j.immuni.2015.02.005. PMID: 25786174.

como la enzima superóxido dismutasa 1 y 2 se utilizan en la membrana mitocondrial para reducir algunas ROS, la melatonina es un eliminador necesario y eficaz utilizado por las mitocondrias para reducir una gran fracción de las ROS. Sin melatonina, las ROS dentro de las mitocondrias provocan la fuga de citocromo-c libre, lo que conduce al suicidio celular. La administración de melatonina exógena protege contra el daño del ADN mitocondrial (ADNmt) que causan las ROS[8] y[9] que puede provocar una mayor presión inflamatoria.

Estos cambios dentro de los macrófagos residentes en el tejido adiposo, especialmente en condiciones inflamatorias prolongadas, provocan que estas células inmunitarias dejen de ser intrínsecamente anti-inflamatorias y se conviertan en células activadas que reaccionan más rápida y enérgicamente a las señales proinflamatorias subsiguientes. Estos cambios, que pueden persistir durante el resto de la vida de una persona, aún no se comprenden del todo; sin embargo, se cree que implican modificaciones en la forma en que se expresan las proteínas dentro de la célula.

Estos cambios se denominan generalmente epigenética, e implican cambios en el ADN y en las proteínas (histonas) alrededor de las cuales se enrolla el ADN. Se sabe que las modificaciones de las histonas persisten tras la retirada del estímulo inflamatorio iniciador y se asocian a respuestas inflamatorias más rápidas, más fuertes y más diversificadas

---

8. Florido, *et al.*, «Melatonin Drives Apoptosis in Head and Neck Cancer by Increasing Mitochondrial ROS Generated via Reverse Electron Transport», *Journal of Pineal Research,* vol. 73, n.º 3 (2022): E12824. doi: 10.1111/jpi.12824. Epub 2022 Aug 28. PMID: 35986493; PMCID: PMC9541246; Sten Orrenius y Boris Zhivotovsky, «Cardiolipin Oxidation Sets Cytochrome C Free», *Nature Chemical Biology,* vol. 1 (2005): 188-189. https://doi.org/10.1038/ Nchembio0905-188; Melhuish Lindsay M. Melhuish Beaupre, *et al.*, «Melatonin's Neuroprotective Role in Mitochondria and Its Potential as a Biomarker in Aging, Cognition, and Psychiatric Disorders», *Translational Psychiatry,* vol. 11 (2021): 339. https://doi. org/10.1038/s41398-021-01464-x

9. A pesar de la capacidad de la melatonina para eliminar ros, se ha demostrado que la melatonina media el transporte inverso de electrones en las células cancerosas, desencadenando así la apoptosis y provocando el suicidio de las células cancerosas. *(N. del A.).*

a la restimulación.[10] (Cómo funciona esto es un tema importante del último capítulo de este libro). Es importante comprender que estas modificaciones epigenéticas del ADN nuclear cambian la expresión de genes que son fundamentales para la función mitocondrial de cualquier mitocondria de la célula y, por lo tanto, desactivan permanentemente la capacidad de OXPHOS de la célula.

Esto explica, en parte, la dependencia observada de los macrófagos cebados en la glucólisis, incluso en ausencia de inflamación.

DIABETES TIPO 2

Entonces, ¿cómo afecta toda esta inflamación y disfunción dentro de los macrófagos residentes en el tejido adiposo y las células adiposas agrandadas a otros sistemas del cuerpo? La explicación está en la respuesta que muchas células, incluidas las adiposas y las musculares, tienen cuando se produce una señal inflamatoria sistémica. Como células que no participan en la defensa del organismo frente a la invasión microbiana, intentan evitar ser absorbidas por la vorágine produciendo unas proteínas denominadas supresores de la señal de citoquinas (SOCS). Estas proteínas bloquean el aumento de la expresión de genes inflamatorios (mediante el bloqueo de las vías NF-B). Pero además de esta actividad, los SOCS 1 y SOCS 3 desactivan el sustrato del receptor de insulina,[11] haciendo que estas células, que necesitan la señalización de la insulina para captar glucosa, sean menos sensibles a la insulina y, por tanto, menos capaces de captar glucosa. Recuerda que ahora el hígado está produciendo y liberando niveles elevados de glucosa des-

10. Christopher K. Glass y Gioacchino Natoli, «Molecular Control of Activation and Priming in Macrophages», *Nature Immunology*, vol. 17, n.º 1 (2015): 26-33. doi: 10.1038/ni.3306. PMID: 26681459; PMCID: PMC4795476.
11. Kohjiro Ueki, *et al.*, «Suppressor of Cytokine Signaling 1 (SOCS-1) and SOCS-3 Cause Insulin Resistance through Inhibition of Tyrosine Phosphorylation of Insulin Receptor Substrate Proteins by Discrete Mechanisms», *Molecular and Cellular Biology*, vol. 24, n.º 12: 5434-5446. doi: 10.1128/MCB.24.12.5434-5446.2004. Erratum in: Mol Cell Biol. 2005 Oct;25(19):8762. PMID: 15169905; PMCID: PMC419873.

encadenados por esta inflamación. Así pues, los niveles de azúcar en el torrente sanguíneo aumentan (es decir, intolerancia a la glucosa), ya que las células musculares y adiposas se están volviendo resistentes a la insulina, lo que constituye la definición de la diabetes de tipo 2.

En la práctica, cuando se exponen a niveles elevados de glucosa circulante, las proteínas extracelulares quedan engomadas por este azúcar (lo que se denomina glucosilación), hecho que altera su función. Entre estas proteínas se encuentra la hemoglobina. Dada la vida útil bastante bien definida de un glóbulo rojo (aproximadamente 120 días), el porcentaje de las moléculas de hemoglobina que están glicosiladas es una medida fiable del grado de exceso de azúcar en el torrente sanguíneo durante un período prolongado. Por eso se utiliza la (HbA1c[12]) para diagnosticar y luego vigilar la salud de los diabéticos de tipo 2. De hecho, cuando los niveles de glucosa son elevados durante períodos prolongados, los riñones se ven obligados a filtrarla de la sangre como medida de seguridad contra los niveles tóxicos de glucosa, y los niveles de azúcar en la orina empiezan a aumentar, lo que también es una observación habitual en la diabetes tipo 2.

En 2011, Wang y sus colegas publicaron un trabajo en el que sugerían que la vía colinérgica antiinflamatoria inhibía la inflamación inducida por la obesidad y la resistencia a la insulina.[13] De hecho, los ratones que carecen del gen que codifica los α7-nAChR (los llamados 7 animales *knockout*) producen niveles más elevados de citocinas proin-

---

12. La HbA1c, o A1c, es una medida, normalmente dada en forma de porcentaje, de la fracción de proteína de hemoglobina que se ha modificado químicamente uniéndola a una molécula de azúcar, lo que se denomina glicación. La glicación se produce, en mayor o menor grado, en todas las proteínas circulantes e interfiere en su función, por lo que se considera que unos niveles elevados de azúcar circulante no son saludables. Los distintos azúcares tienen distintas capacidades para unirse a la hemoglobina, siendo la fructosa y la galactosa unos aglutinantes relativamente fuertes, y la glucosa un aglutinante débil (probablemente por eso la glucosa fue seleccionada por la evolución como el azúcar preferido para su producción por el hígado). (*N. del A.*).

13. XianFeng Wang, *et al.*, «Activation of the Cholinergic Antiinflammatory Pathway Ameliorates Obesity-Induced inflammation and Insulin Resistance», *Endocrinology*, vol. 152 (2011): 836-846. doi: 10.1210/en.2010-0855. Epub 2011 Jan 14. PMID: 21239433; PMCID: PMC3040050.

flamatorias y se vuelven resistentes a la insulina cuando son desencadenados por un exceso de ácidos grasos libres. La nicotina, que es un agonista de los $\alpha7$-nAChR, suprime la misma inflamación desencadenada por los ácidos grasos libres en los ratones genéticamente normales, pero no en los 7 animales *knockout*. De hecho, la nicotina incluso indujo significativamente la normalización de la glucosa en los ratones obesos y restableció la sensibilidad a la insulina. Estos resultados y los de otros en experimentos similares sugieren firmemente que la estimulación no invasiva del nervio vago (nVNS) podría ser útil en el tratamiento de la resistencia a la insulina y la intolerancia a la glucosa.

El estudio de los dispositivos de estimulación del nervio vago (VNS) implantados para el tratamiento de la obesidad (que de hecho recibió la aprobación de la FDA) ha revelado reducciones espectaculares de la resistencia a la insulina y la intolerancia a la glucosa.[14] En concreto, este dispositivo, el *Maestro Rechargeable System* (ReShape Lifesciences, Inc., San Clemente, California), que envía una señal al nervio vago justo debajo del diafragma, demostró una reducción de la HbA1c del 4 % al cabo de una semana, del 9 % al cabo de cuatro semanas, del 11,5 % al cabo de doce semanas y de casi el 13 % al cabo de un año. La glucosa plasmática en ayunas experimentó un descenso aún más precipitado, del 14 % a la semana, que se redujo en un 19 % a las doce semanas y permaneció en este nivel inferior durante un año.

Otro dispositivo implantado, el Sistema TANTALUSTM (Meta-Cure Limited, Orangeburg, Nueva York), que estimula la curvatura mayor del estómago, altamente inervada por el nervio vago, se ha estudiado en el tratamiento de la diabetes tipo 2.

En un primer estudio, esta terapia produjo un descenso del 13 % en un período de doce semanas (la media de HbA1c bajó de 8,4 a 7,3), que se redujo aún más hasta un descenso del 18 % a las veinticuatro semanas. En un estudio de seguimiento en el que se utilizó el Tantalus-DIAMOND®, los datos a los tres años de la implantación demos-

---

14. S. Shikora, *et al.*, «Vagal Blocking Improves Glycemic Control and Elevated Blood Pressure in Obese Subjects with Type 2 Diabetes Mellitus», *Journal of Obesity* (2013). doi: 10.1155/2013/245683. Epub 2013 Jul 30. PMID: 23984050; PMCID: PMC3745954.

traron un descenso del 14% de la HbA1c a los seis meses y mantuvieron la reducción hasta los treinta y seis meses.[15]

La estimulación no invasiva del nervio vago también se ha estudiado en el tratamiento de la diabetes de tipo 2. Huang y sus colegas publicaron los resultados de un estudio en el que se utilizó un dispositivo que estimula una pequeña rama de un nervio llamado *tragus* que se encuentra en el canal auditivo y se une al nervio vago en el cuello. La estimulación de este tipo se denomina estimulación auricular (aVNS). Hay que tener en cuenta que el nervio trago sólo contiene unos cientos de fibras nerviosas, mientras que el vago contiene mil veces más fibras. Las fibras del trago tampoco se proyectan, ni siquiera después de fusionarse con las fibras del vago, directamente al tronco encefálico, como hace el vago.

Activa el núcleo del tracto solitario (NTS) indirectamente a través de las islas trigeminales laterales.[16]

Sin embargo, a pesar de estas posibles limitaciones, en este estudio, el grupo de tratamiento experimentó un descenso del 24% en la velocidad de absorción de la glucosa por las células en un plazo de dos horas a las doce semanas (con respecto al valor basal) y un descenso del 8% en los niveles de glucosa en sangre tras un ayuno de doce horas y mantuvo esta reducción hasta las doce semanas.

15. Lebovitz, *et al.*, «Treatment of Patients with Obese Type 2 Diabetes with Tantalus-DIAMOND® Gastric Electrical Stimulation: Normal Triglycerides Predict Durable Effects for at Least 3 Years», *Hormone and Metabolic Research,* vol. 47 (2015): 456-462. doi: 10.1055/s-0035-1548944.

16. Shai Policker, *et al.*, «Treatment of Type 2 Diabetes Using MealTriggered Gastric Electrical Stimulation», *Israel Medical Association World Fellowship Conference,* vol. 11 (2009): 206-208. www.ima.org.il/FilesUploadPublic/IMAJ/0/41/20653. pdf; Lebovitz, *et al.*, «Treatment of Patients with Obese Type 2 Diabetes doi: 10.1055/s-0035-1548944. Epub 2015 Apr 16. PMID: 25993254; Hans-Rudolf Berthoud, *et al.*, «Vagal Mechanisms as Neuromodulatory Targets for the Treatment of Metabolic Disease», *Annals of the New York Academy of Sciences,* vol. 1454 (2019): 42-55. doi: 10.1111/nyas.14182. Epub 2019 Jul 3. PMID: 31268181; PMCID: PMC6810744.

ENFERMEDAD DEL HÍGADO GRASO

La enfermedad del hígado graso no alcohólico (EHGNA) es un primer paso en el camino hacia la cirrosis hepática causada por una enfermedad conocida como esteatohepatitis no alcohólica fibrótica (EHNA). Se cree que afecta a casi el 25 % de la población adulta mundial, con niveles que se acercan al 33 % en muchos países occidentales, y en muchos países asiáticos recientemente ricos también se están produciendo aumentos meteóricos.[17]

Los macrófagos del hígado se denominan células de Kupffer y representan hasta el 20 % del número total de células del hígado. Al estar situados en el hígado, son sensibles a la actividad local de las células hepáticas (hepatocitos), como el aumento de la gluconeogénesis. Sin embargo, al igual que la microglía y los macrófagos residentes en el tejido adiposo (y los macrófagos vasculares que hemos visto anteriormente), las células de Kupffer también son sensibles a la señalización del sistema nervioso autónomo y a las señales inflamatorias sistémicas.

Para explicarlo, en los animales delgados, la insulina actúa localmente para hacer que las células capten glucosa, pero también sistémicamente para regular la producción de glucosa. Lo hace a través de receptores de insulina en el tronco encefálico que, a su vez, regulan las señales del sistema nervioso autónomo, incluido el flujo de salida a través del nervio vago. Para ser más específicos, unos niveles moderados de insulina ayudan a mantener el estado no inflamatorio de las células de Kupffer. En realidad, este control está mediado por la activación de los α7-nAChR de las células de Kupffer. Las señales inflamatorias sistémicas asociadas a la obesidad inducen resistencia a la insulina, lo que lleva al páncreas a aumentar su liberación de insulina. Estos niveles elevados de insulina alteran los mecanismos de control vagal, lo que conduce a una mayor expresión de citocinas proinflamatorias y a una inflamación hepática crónica.[18]

---

17. Jin-Zhou Zhu, *et al.*, «Prevalence of Nonalcoholic Fatty Liver Disease and Economy», *Digestive Diseases and Sciences,* vol. 60 (2015): 3194-3202. doi: 10.1007/s10620-015-3728-3. Epub 2015 May 28. PMID: 26017679.

18. Kumi Kimura, *et al.*, «Central Insulin Action Activates Kupffer Cells by Suppressing Hepatic Vagal Activation via the Nicotinic Alpha 7 Acetylcholine

Los propios hepatocitos también se ven afectados por la señaliza-ción inflamatoria y la sobrecarga crónica de lípidos en el torrente san-guíneo. El hecho de que no se almacenen grasas en el tejido adiposo conduce a la acumulación de estos ácidos grasos en el hígado. Paradó-jicamente, los estudios metabólicos han revelado que la lipogénesis (la fabricación de nuevos lípidos) se produce en el hígado en estas condi-ciones, creando un bucle de alimentación.

Resulta que la señalización inflamatoria que regula al alza la lipogé-nesis, provoca estrés intracelular en el retículo endoplasmático (RE). El estrés de éste, como ya se ha mencionado, va unido a la disfunción mitocondrial mediante la liberación de calcio y la fuga de citocromo c, que pueden desencadenar la muerte celular. Por supuesto, la apoptosis de los hepatocitos acelera la activación de las células de Kupffer, así como el reclutamiento de monocitos en el hígado, lo que favorece la aparición de fibrosis hepática derivada.

La estimulación del nervio vago (VNS) se encuentra en los primeros estudios para la prevención y el tratamiento de la esteatohepatitis no alcohólica (EHNA). En 2017, un equipo de investigadores de Kioto (Japón) demostró que cortar el nervio vago en animales podía acelerar la inducción y empeorar el desarrollo de la EHNA. Curiosamente, in-cluso la eliminación de la metionina y la colina (un importante activa-dor del α7-nAChR) de la dieta podía tener efectos similares y agravar el metabolismo anormal de los lípidos.

El tratamiento posterior con una sustancia química que se unía a los α7-nAChR redujo la inflamación de las células de Kupffer y, en pala-bras de los autores, «contribuyó a la supresión de la progresión de la EHNA en su fase inicial».[19] En 2018, Li y sus colegas ampliaron estos hallazgos y concluyeron que «la activación del α7-nAChR mejora la

Receptor», *Cell Reports,* vol. 14 (2016): 2362-2374. https://doi.org/10.1016/j.celrep.2016.02.032

19. Takahiro Nishio, *et al.*, «Hepatic Vagus Nerve Regulates Kupffer Cell Activa-tion via *A7* Nicotinic Acetylcholine Receptor in Nonalcoholic Steatohepatitis», *Journal of Gastroenterology,* vol. 52, n.º 8 (2017): 965-976. doi: 10.1007/s00535-016-1304-z. Epub 2017 Jan 2. PMID: 28044208.

homeostasis energética e inhibe la inflamación en la enfermedad del hígado graso no alcohólico».[20]

Un grupo de la Universidad de Stanford con el que trabajé, dirigido por W. Ray Kim, realizó una investigación preliminar de los niveles de enzimas hepáticas entre los pacientes que habían recibido implantes de estimulación del nervio vago (VNS) para la epilepsia y la depresión. Entre estos pacientes, identificaron aproximadamente cincuenta que tenían marcadores preoperatorios que sugerían la presencia de la enfermedad del hígado graso no alcohólico (EHGNA). Tras los implantes, se produjo un descenso del 33 % en una enzima clave llamada alanina transaminasa, o ALT. La ALT interviene en la conversión de proteínas en energía en el hígado y, cuando se encuentra en el torrente sanguíneo, es un indicio de daño hepático. La reducción de la ALT es un signo de menor inflamación metabólica, menores niveles de glucosa y síntesis de lípidos, y menor agregación de ácidos grasos, todo lo cual se asocia por otra parte a la enfermedad del hígado graso no alcohólico (EHGNA). Queda trabajo traslacional por hacer para determinar si la estimulación no invasiva del nervio vago puede proporcionar beneficios similares, ya que es una tecnología mucho más desplegable para el volumen de individuos actualmente en riesgo que un dispositivo que requiera cirugía.

ATEROSCLEROSIS

Las células endoteliales forman el revestimiento interno de los vasos sanguíneos adhiriéndose unas a otras para formar una superficie lisa continua. Como describimos en el apartado del capítulo 2 centrado en el aneurisma cerebral, la incapacidad de estas células para permanecer unidas puede provocar el burbujeo de la pared del vaso ante picos de presión, como los que se experimentan con la hipertensión. Una dis-

---

20. Dong-Jie Li, *et al.*, «Nicotinic Acetylcholine Receptor *A7* Subunit Improves Energy Homeostasis and Inhibits Inflammation in Nonalcoholic Fatty Liver Disease», *Metabolism,* vol. 79 (2018): 52-63. https://doi.org/10.1016/j.metabol.2017.11.002

función similar de las células endoteliales de las arterias y otros vasos puede desencadenarse por daños debidos a la hipertensión. Junto con la señalización inflamatoria sistémica y los ácidos grasos libres crónicamente elevados en la circulación, el sistema nervioso autónomo promueve la migración de monocitos literalmente a la pared lateral de estos vasos sanguíneos, exacerbando la disfunción.[21]

Para ser más exactos, la activación del sistema nervioso simpático facilita el regreso de los monocitos al lugar de este daño.[22] Estos monocitos están programados para entrar en la pared del vaso sanguíneo (denominada túnica íntima), donde se diferencian en macrófagos reclutados. En este punto, contribuyen a la modificación química de determinadas moléculas lipídicas (es decir, a la oxidación de los lípidos de baja densidad, LDL) que se transfieren a través de la pared vascular. Estas moléculas oxidadas son captadas por estos macrófagos proinflamatorios, lo que conduce a la desregulación de estas células y de las que las rodean, incluidas las células musculares lisas vasculares (CMLV) que forman la parte externa de la pared vascular. El metabolismo mitocondrial de los ácidos grasos en estos macrófagos suele verse desbordado o inhibido por los procesos inflamatorios, como ya se ha comentado. Estos macrófagos se llenan tanto de lípidos que adquieren un aspecto espumoso al microscopio, por lo que se denominan células espumosas.

En la aterosclerosis progresiva, que es la formación de lesiones en la pared vascular, los macrófagos y las células musculares lisas vasculares (CMLV) sufren apoptosis.[23] Aunque las células apoptóticas suelen eliminarse rápidamente cuando la inflamación es mínima o no está pre-

21. Victoria Fernandez-Garcia, *et al.*, «Contribution of Extramedullary Hematopoiesis to Atherosclerosis. The Spleen as a Neglected Hub of Inflammatory Cells,» *Frontiers in Immunology*, vol. 11, (2020): 586527. doi: 10.3389/fimmu.2020.586527. PMID: 33193412; PMCID: PMC7649205.

22. Daniela Flores-Gomez, *et al.*, «Trained Immunity in Atherosclerotic Cardiovascular Disease,» *Current Opinion in Lipidology*, vol. 30, n.º 5 (2019): 395-400. https://doi.org/10.1161/ATVBAHA.120.315452

23. Jody Tori O. Cabrera y Ayako Makino, «Efferocytosis of Vascular Cells in Cardiovascular Disease,» *Pharmacological Therapeutics*, vol. 229 (2022): 107919. doi: 10.1016/j.pharmthera.2021.107919. Epub 2021 Jun 23. PMID: 34171333; PMCID: PMC8695637.

sente, la eliminación de estas células se deteriora en el vaso sanguíneo enfermo de forma muy parecida a como se deteriora la eliminación de las células adiposas agrandadas en el tejido adiposo.[24]

Durante la eferocitosis normal, los macrófagos, las células sanas y las células apoptóticas liberan o expresan señales químicas que sirven a los propósitos correspondientes a sus nombres descriptivos; es decir, «encuéntrame», «cómeme» y «no me comas». Estas señales son exactamente análogas y, nótese, a menudo literalmente iguales a las moléculas que sirven a los mismos propósitos en el cerebro. En el entorno inflamado del creciente núcleo necrótico, la muerte de los macrófagos/células espumosas estimula a las CMLV a rodearlos en un último esfuerzo por evitar que la pared interna del vaso pierda integridad. El problema es que estas CMLV tienen que expresar señales de «no me comas» para sobrevivir, lo que significa que se suprime la eliminación del resto del desorden necrótico.[25]

El estallido de estos núcleos necróticos provoca la activación de las plaquetas y la formación de un coágulo, que puede bloquear parcial o incluso totalmente el flujo sanguíneo. Esto representa un alto riesgo de accidentes cerebrovasculares isquémicos, infartos de miocardio y embolias pulmonares (coágulos que se forman en los vasos que llevan la sangre a los pulmones). La inflamación agrava todos los aspectos de la formación de placas que desencadenan los acontecimientos trombóticos.[26]

Como se ha descrito anteriormente, la serie de acontecimientos patológicos que conducen a la formación de la placa aterosclerótica y a elevados riesgos de coagulación implica la proliferación y el reclutamiento de monocitos circulantes. La señalización del sistema nervioso

24. Yoko Kojima, *et al.*, «The Role of Efferocytosis in Atherosclerosis,» *Circulation,* vol. 135, n.º 5 (2017): 476-489. https://doi.org/10.1161/CIRCULATIONA-HA.116.025684

25. Cabrera y Makino, «Efferocytosis of Vascular Cells in Cardiovascular Disease», *Pharmacological Therapeutics,* vol. 229 (2022): 107919. doi: 10.1016/j.pharmthera.2021.107919. Epub 2021 Jun 23. PMID: 34171333; PMCID: PMC8695637.

26. Peter Libby, «History of Discovery: Inflammation in Atherosclerosis, Arteriosclerosis Thrombosis and Vascular Biology», *Arterioscler Thromb Vasc Biology,* vol. 32, n.º 9 (2012): 2045-2051. https://doi.org/10.1161/ATVBA HA.108.179705

simpático y la inflamación crónica se consideran actualmente factores clave que contribuyen a este proceso. En la medida en que son características del tejido adiposo hipertrófico prolongado (obesidad) y de la resistencia a la insulina (diabetes de tipo 2), la aterosclerosis se considera uno de los posibles síntomas.[27]

Como en el caso de las consecuencias previas de la obesidad, las terapias que inhiben la inflamación y alteran el equilibrio del sistema nervioso autónomo en dirección al parasimpático son de interés para el tratamiento y/o la prevención de la aterosclerosis. Del mismo modo que se descubrió que el tejido hepático tenía una expresión regulada al alza de los receptores α7-nAChR como forma de protección contra la cascada inflamatoria en curso, y que la ausencia de estos receptores en un animal *knockout* exacerbaba la enfermedad del hígado graso, se ha informado de que los núcleos necróticos ateroscleróticos humanos y las células implicadas circundantes expresan receptores α7-nAChR, lo que sugiere claramente que se expresan como un movimiento defensivo del tejido para intentar reducir la inflamación. Como el lector deducirá ahora, sin duda, una serie de estudios en animales han demostrado que los bloqueantes químicos de la vía antiinflamatoria colinérgica (CAP) provocan el crecimiento del núcleo necrótico y el desarrollo de la placa, mientras que el restablecimiento de una CAP normal detiene y/o inviente significativamente estos procesos. Del mismo modo, el balance de las pruebas actuales apoya la conclusión de que la activación del α7-nAChR inhibe la inflamación sistémica y altera el fenotipo inflamatorio de la placa, lo que concuerda con un efecto antiaterogénico.[28]

27. Anastasia Poznyak, *et al.*, «The Diabetes Mellitus–Atherosclerosis Connection: The Role of Lipid and Glucose Metabolism and Chronic Inflammation», *International Journal of Molecular Sciences,* vol. 21 (2020): 1835. doi: 10.3390/ijms21051835. PMID: 32155866; PMCID: PMC7084712.
28. Zhengjiang Qian, *et al.*, «The Cholinergic Anti-Inflammatory Pathway Attenuates the Development of Atherosclerosis in Apoe-/- Mice through Modulating Macrophage Functions», *Biomedicines,* vol. 9 (2021): 1150. https://doi.org/10.3390/biomedicines9091150; Ildernandes Vieira-Alves, *et al.*, «Role of the a7 Nicotinic Acetylcholine Receptor in the Pathophysiology of Atherosclerosis», *Frontiers in Physiology,* vol. 11 (2020): 621769. doi: 10.3389/fphys.2020.621769. PMID: 33424644; PMCID: PMC7785985.

¿Tiene alguna función la estimulación no invasiva del nervio vago (nVNS) en la prevención de la aterosclerosis o en la inhibición del desarrollo y/o crecimiento de la placa? Diversas líneas de razonamiento respaldan esa expectativa y varios autores han instado a que se estudie la nVNS en esta aplicación.[29]

HIPERTENSIÓN

Los tres componentes principales que controlan el mantenimiento de la tensión arterial son el corazón (la bomba), la vasculatura (los conductos) y los riñones (el control del volumen de líquido). El sistema nervioso simpático ejerce control sobre estos tres componentes. En particular, los riñones regulan la tensión arterial mediante el sistema renina-angiotensina-aldosterona (SRAA), que implica la regulación de la sal. Esta sal también se utiliza para regular los procesos de filtración que mantienen la sangre libre de toxinas. Como hemos visto anteriormente, la inflamación y la insulina activan el sistema nervioso simpático. Así pues, no es de extrañar que una gran parte de la hipertensión surja como consecuencia de la obesidad.

La hipertensión relacionada con el síndrome metabólico es una forma de enfermedad renal, ya que la regulación del sodio y la filtración sanguínea se desregulan. Los principales factores causantes de esta disfunción renal y la hipertensión resultante son los siguientes:

- Activación de las células inmunitarias y su producción de citoquinas inflamatorias;
- Activación elevada del sistema simpático;
- Aumento de la producción de angiotensina II y aldosterona, y
- Compresión renal por grasa dentro y alrededor de los riñones.

---

29. Daniela Matei, *et al.*, «Impact of Non-Pharmacological Interventions on the Mechanisms of Atherosclerosis», *International Journal of Molecular Sciences,* vol. 23, n.º 16 (2022): 9097. doi: 10.3390/ijms23169097. PMID: 36012362; PMCID: PMC9409393.

Las consecuencias de la obesidad sobre el control de la presión arterial por parte de los riñones se deben a diversas causas intermedias. En primer lugar, cuando falla la función de almacenamiento de grasa, los lípidos entran en la circulación y los ácidos grasos libres en los espacios extracelulares activan los receptores de tipo Toll (receptores ancestrales que reconocen daños y/o patógenos), lo que aumenta la activación de macrófagos locales y renales asociada a la aparición y la progresión de la hipertensión.[30] En segundo lugar, la presión física, causada por la acumulación de lípidos en los riñones, provoca daños físicos en la microestructura renal, lo que hace que varios procesos fisiológicos se vuelvan disfuncionales, lo que, a su vez, conduce a la hipertensión. En tercer lugar, por supuesto, la resistencia a la insulina y el aumento de la producción de glucosa y lípidos del hígado provocan estrés en los órganos, incluidos los riñones.

Dentro del riñón, a nivel microestructural, los niveles elevados de insulina y leptina (una adipoquina clave) promueven la transmisión de señales por el sistema simpático y la regulación al alza del SRAA. Esto se ha correlacionado con el desarrollo de la hiperfiltración glomerular, un estado en el que el flujo sanguíneo a través de los riñones aumenta significativamente y se ha asociado con daños a nivel de la nefrona individual (la unidad básica de filtración). Este daño provoca una desregulación en los niveles de sodio y, por supuesto, activa los macrófagos renales, induciendo la expresión de citoquinas. La vasodilatación renal, una respuesta a las citoquinas inflamatorias, se produce para restablecer el equilibrio del sodio; sin embargo, esto intensifica la hiperfiltración glomerular. Todo ello crea un bucle de retroalimentación, haciendo de la hipertensión un trastorno progresivo.[31] Un componente adicional de la hipertensión es la disfunción mitocondrial. Las fuerzas mecánicas de cizallamiento y la presión regulan la expresión de

30. Sailesh C. Harwani, «Macrophages Under Pressure: The Role of Macrophage Polarization in Hypertension», *Translational Research*, vol. 191 (2018): 45-63. doi: 10.1016/j.trsl.2017.10.011. Epub 2017 Nov 8. PMID: 29172035; PMCID: PMC5733698.

31. Shu-Zhong Jiang, *et al.*, «Obesity and Hypertension», *Experimental and Therapeutic Medicine*, vol. 12, n.º 4 (2016): 2395-2399. https://doi.org/10.3892/etm.2016.3667

una enzima llamada NADPH oxidasa, lo que conduce a una mayor producción de moléculas perjudiciales (por ejemplo, ROS) que dañan las mitocondrias. A su vez, la disfunción mitocondrial conduce a un cambio de la respiración aeróbica (gran cantidad de ATP por molécula de glucosa) a la respiración anaeróbica (glucólisis y producción ineficiente de ATP) y la correspondiente reducción de la demanda de oxígeno. Las células endoteliales son sensibles a los cambios en los niveles de oxígeno en la circulación, lo que provoca una vasoconstricción como consecuencia de la hipoxia relativa.[32] Esta vasoconstricción provoca una mayor presión sanguínea (mismo volumen, menos espacio).

La estimulación del nervio vago (VNS) provoca la liberación de acetilcolina y la activación de la vía antiinflamatoria colinérgica esplénica (CAP), lo que reduce la inflamación sistémica, preserva la función mitocondrial y reorienta los macrófagos a su estado homeostático y antiinflamatorio. Como se ha descrito anteriormente, todos estos efectos deberían proporcionar beneficios en la prevención de la aparición y/o el tratamiento de la hipertensión. Los estudios con animales sobre la hipertensión inducida en ratas sensibles a la sal demostraron que un ciclo de cuatro semanas de tratamientos con VNS reducía significativamente la presión arterial media en comparación con las ratas tratadas de forma simulada.[33]

Los estudios en humanos sobre la VNS en el tratamiento de la obesidad y la diabetes de tipo 2, citados anteriormente, también informaron de reducciones de la tensión arterial entre los pacientes con

32. Alfonso Eirin, *et al.*, «Mitochondria: A Pathogenic Paradigm in Hypertensive Renal Disease», *Hypertension,* vol. 65, n.º 2 (2015): 264-270. doi: 10.1161/ HYPERTENSIONAHA.114.04598. Epub 2014 Nov 17. PMID: 25403611; PMCID: PMC4289015; Jeffrey D. Marshall, *et al.*, «Mitochondrial Dysfunction and Pulmonary Hypertension: Cause, Effect, or Both», *American Journal of Physiology-Lung Cellular and Molecular Physiology,* vol. 314 n.º 5 (2018): L782-L796. doi: 10.1152/ajplung.00331.2017. Epub 2018 Jan 18. PMID: 29345195; PMCID: PMC6008129.

33. Elizabeth M. Annoni, *et al.*, «Intermittent Electrical Stimulation of the Right Cervical Vagus Nerve in Salt-Sensitive Hypertensive Rats: Effects on Blood Pressure, Arrhythmias, and Ventricular Electrophysiology», *Physiological Reports,* vol. 3, n.º 8 (2015): e12476. doi: 10.14814/phy2.12476. PMID: 26265746; PMCID: PMC4562562.

hipertensión. Concretamente, un estudio del dispositivo Tantalus implantado demostró que entre los cuarenta y cuatro de cincuenta pacientes que entraron en el estudio con una lectura media de la tensión arterial de 144/89 mmHg, ésta descendió a 131/80 mmHg.[34]

Del mismo modo, un estudio de un dispositivo de VNS implantado para el tratamiento de la obesidad demostró que, entre el subgrupo de participantes con hipertensión, las lecturas medias de la tensión arterial descendieron de 140/88 mmHg a 130/78 mmHg en una semana y mantuvieron esa reducción a las cuatro, doce y veintiséis semanas, con una media de 128/78 mmHg al año de iniciarse el tratamiento con la VNS.[35]

LA ENFERMEDAD DE ALZHEIMER COMO DIABETES TIPO 3

La enfermedad de Alzheimer (EA) es un devastador trastorno neurodegenerativo crónico caracterizado por la demencia. Cuando se estudia a nivel microscópico, la EA se asocia a una serie de observaciones, entre las que se incluyen:

- Formación de lesiones similares a placas entre neuronas compuestas por una proteína llamada amiloide (agregados amiloides);
- Daño estructural dentro de las neuronas relacionado con la deposición de una proteína activada llamada tau (ovillos neurofibrilares);
- Herencia del gen de la apolipoproteína E4 (predisposición genética);
- Estrés oxidativo (disfunción mitocondrial);
- Muerte neuronal;

34. Policker, *et al.*, «Treatment of Type 2 Diabetes». www.ima.org.il/FilesUploadPublic/IMAJ/0/41/20653.pdf
35. Shikora, *et al.*, «Vagal Blocking Improves Glycemic Control». doi: 10.1155/2013/245683. Epub 2013 Jul 30. PMID: 23984050; PMCID: PMC3745954.

- Atrofia general del sistema nervioso central.

Desmarcando esta lista, la presencia de altos niveles de beta amiloide y tau fosforilada ha llevado a que se gasten recursos significativos dirigidos a estas proteínas con la esperanza de tratar o retrasar la aparición de los síntomas clínicos, como la incapacidad de formar nuevos recuerdos y una demencia progresiva.[36] Desafortunadamente, ha habido poco éxito y mucho fracaso de estos enfoques.

Los estudios de las funciones de la apolipoproteína E han revelado que la proteína tiene funciones decisivas en el cerebro, una de las cuales está relacionada con el transporte de lípidos entre las células de todo el sistema nervioso central. Además, se ha demostrado que esta variante E4 (apoE4) presenta disfunciones con respecto a esta misma función. Más concretamente, uno de los líderes en el campo el estudio de la apolipoproteína E, Robert Mahley, declaró:

En múltiples vías que afectan a la neuropatología, incluida la enfermedad de Alzheimer, la apoE actúa directamente o en combinación con otros factores, como la edad, las lesiones craneales, el estrés oxidativo, la isquemia, la inflamación y la producción excesiva de péptido amiloide, para causar trastornos neurológicos, acelerar su progresión, alterar su pronóstico o reducir la edad de aparición. Prevemos que las características estructurales únicas de la apoE4 son responsables de la neuropatología asociada a la apoE4.[37]

Se trata de una pista importante sobre cómo la disfunción metabólica secundaria a la obesidad y la desregulación lipídica podrían conducir a la EA y/o agravarla. Antes de entrar en el papel del síndrome metabólico en la EA, es importante ver cómo las observaciones restantes podrían relacionarse con esta perspectiva.

---

36. Yi-Gang Chen, «Research Progress in the Pathogenesis of Alzheimer's Disease», *Chinese Medical Journal,* vol. 131 (2018): 1618-24. doi: 10.4103/0366-6999.235112. PMID: 29941717; PMCID: PMC6032682.
37. Robert W. Mahley, Karl H. Weisgraber, and Yadong Huang, «Apolipoprotein E4: A Causative Factor and therapeutic Target in Neuropathology, Including Alzheimer's Disease», *Proceedings of the National Academy of Sciences,* vol. 103, n.º 15 (2006): 5644-5651. doi: 10.1073/pnas.0600549103. Epub 2006 Mar 27. PMID: 16567625; PMCID: PMC1414631.

En discusiones anteriores se ha tratado el hecho de que las disfunciones mitocondriales e inmunitarias (de la microglía) están asociadas a la inflamación crónica. Las mitocondrias de la microglía de los pacientes con EA suelen presentar un estado disfuncional y su microglía muestra una orientación inadecuada hacia la poda sináptica agresiva; es decir, una función homeostática desregulada que desarticula la conectividad del cerebro.[38]

Entonces, ¿cómo se relacionan con la EA la disfunción mitocondrial, la activación microglial y la desregulación lipídica, todos ellos aspectos del síndrome metabólico? En 2005, Sandra de la Monte y sus colegas publicaron un artículo en el que se referían por primera vez a la EA como diabetes de tipo 3. Los autores citan, en concreto, «el número cada vez mayor de pruebas que demuestran que la utilización reducida de la glucosa y el metabolismo energético deficiente se producen al principio de la enfermedad [de Alzheimer] sugiere que la señalización deficiente de la insulina desempeña un papel en la patogénesis de la EA».[39]En apoyo a esta afirmación, un artículo de 2008 informaba de un notable estudio longitudinal sueco que siguió a 2.269 hombres durante treinta y dos años y reveló que la baja producción de insulina debida a la condición crónica de diabético de tipo 2 a los cincuenta años de edad implicaba un riesgo un 50 % mayor de desarrollar EA en comparación con los que tenían niveles normales de insulina.[40] Curiosamente, esta asociación era mayor entre los pacientes que no tenían la

38. Anushka Chakravorty, *et al.*, «Dysfunctional Mitochondria and Mitophagy as Drivers of Alzheimer's Disease Pathogenesis», *Frontiers in Aging Neuroscience,* vol. 11 (2019): 311. doi: 10.3389/fnagi.2019.00311. PMID: 31824296; PMCID: PMC6880761; Bhargavi Kulkarni, Natália Cruz-Martins, Dileep Kumar, «Microglia in Alzheimer's Disease: An Unprecedented Opportunity as Prospective Drug Target», *Molecular Neurobiology,* vol. 59, n.º 5 (2022): 2678-2693 (2022). doi: 10.1007/s12035-021-02661-x PMID: 35149973.

39. Eric Steen, *et al.*, «Impaired Insulin and Insulin-Like Growth Factor Expression and Signaling Mechanisms in Alzheimer's Disease–Is This Type 3 Diabetes?», *Journal of Alzheimer's Disease,* vol. 7, n.º 1 (2005): 63-80 (2005). https://doi.org/10.3233/JAD-2005-7107

40. E. Rönnemaa, *et al.*, «Impaired Insulin Secretion Increases the Risk of Alzheimer Disease», *Neurology,* vol. 71 (2008) 1065-1071. doi: 10.1212/01.wnl.0000310646.32212.3a. Epub 2008 Apr 9. PMID: 18401020.

predisposición genética a la EA asociada a la apolipoproteína E4. Esto sugiere que el mayor riesgo asociado a la desregulación metabólica que se deriva de la diabetes crónica y la pérdida de producción de insulina ya se tiene en cuenta por la presencia de la apolipoproteína E4. Sólo para asegurarnos de que este punto se aprecia plenamente, el hecho de que la desregulación de la insulina provoque una mayor elevación del riesgo de EA entre las personas sin la variante de apolipoproteína E4, pero que la propia E4 eleve el riesgo de EA, sugiere en gran medida que están trabajando por las mismas vías (por ejemplo, la desregulación lipídica). Piénsalo de este modo, si la policía coloca un cepo en tu coche, es probable que reduzca el número de kilómetros que puede conducir, pero no tendrá ese efecto si el motor del coche ya está roto.

Espérate, que una serie de trabajos posteriores han demostrado que la desregulación de la insulina es un factor causante de la fosforilación de la proteína tau, la formación de ovillos neurofibrilares y la formación de placas amiloides. Así pues, las tres teorías de la patogénesis de la EA pueden unirse en realidad en una metateoría basada en la inflamación crónica y la desregulación lipídica y la disfunción metabólica derivadas de la obesidad. En primer lugar, la inflamación sistémica asociada a la obesidad conduce a la desregulación de la insulina, lo que está ligado a la fosforilación de la proteína tau y a la formación de placas. Del mismo modo, las citoquinas inflamatorias alteran la función mitocondrial, lo que provoca daños y la posibilidad de suicidio celular. Por último, la microglía que se activa empieza a aplicar de forma agresiva su función de poda sináptica.[41]

Como hemos comentado, la estimulación del nervio vago (VNS) tiene la capacidad de cambiar de forma similar la postura de los macrófagos y la microglía y de reducir la expresión de citoquinas. Los estudios clínicos de la VNS en el tratamiento de la EA son limitados, pero

41. Ramesh Kandimalla, Vani Thirumala, P. Hemachandra Reddy, «Is Alzheimer's Disease a Type 3 Diabetes? A Critical Appraisal», Biochimica Et Biophysica Acta it 1863, (2017): 1078-1089. doi: 10.1016/j.bbadis.2016.08.018. Epub 2016 Aug 25. PMID: 27567931; PMCID: PMC5344773; Suzanne de la Monte y Ming Tong, «Brain Metabolic Dysfunction at the Core of Alzheimer's Disease», Biochemical Pharmacology 88, n.º 4 (2014): 548-559. doi: 10.1016/j.bcp.2013.12.012. Epub 2013 Dec 28. PMID: 24380887; PMCID: PMC4550323.

un ensayo realizado en Suecia demostró resultados prometedores. En un primer seguimiento a los tres meses del inicio del tratamiento en pacientes con EA, el 70 % de los pacientes experimentó al menos una mejora de 3 puntos en la Escala de Evaluación de la Enfermedad de Alzheimer-subescala cognitiva (ADAS-cog), y el 90 % experimentó al menos una mejora de 1,5 puntos en el Mini-Examen del Estado Mental (MMSE). Un seguimiento posterior al año mostró que estas cifras habían descendido al 41 % y al 71 %, respectivamente, pero, aun así, el 71 % mejoró o permaneció estable en la Impresión del Cambio Basada en la Entrevista al Clínico (CIBIC+).[42] Una crítica a este primer estudio es que los pacientes tratados ya estaban diagnosticados de EA de moderada a grave y probablemente estaban demasiado avanzados para recibir ayuda suficiente. Actualmente se están realizando estudios con la estimulación no invasiva del nervio vago (nVNS) en la EA leve, cuyos resultados están previstos para los próximos años. Con la seguridad de la nVNS, sería posible estudiar a pacientes que sólo experimentan un deterioro cognitivo leve (DCL) para ver si se puede prevenir totalmente la progresión.

---

42. Robert Kaczmarczyk, Dario Tejera, Bruce J. Simon, Michael T. Heneka, «Microglia Modulation through External Vagus», *Journal of Neurochemistry*, vol. 146, n.º 1 (2018): 76-85. https://onlinelibrary.wiley.com/doi/epdf/10.1111/jnc.14284; doi: 10.1111/jnc.14284; Ilknur Ay, Rena Nasser, Bruce Simon, Hakan Ay, «Transcutaneous Cervical Vagus Nerve Stimulation Ameliorates Acute Ischemic Injury in Rats», *Brain Stimulation,* vol. 9, n.º 2, (2016): 166-173. doi: 10.1016/j.brs.2015.11.008. Epub 2015 Dec 1. PMID: 26723020; PMCID: PMC4789082; Jordan L. Hawkins, Lauren E. Cornelison, Brian A. Blankenship, Paul L. Durham, «Vagus Nerve Stimulation Inhibits Trigeminal Nociception in a Rodent Model of Episodic Migraine», *Pain Reports,* vol. 2 (2017): 6. doi: 10.1097/PR9.0000000000000628. PMID: 29392242; PMCID: PMC5741328; Magnus J. C. Sjorgen, *et al.*, «Cognition-Enhancing Effect of Vagus Nerve Stimulation in Patients with Alzheimer's Disease: A Pilot Study», *Journal of Clinical Psychiatry,* vol. 63, n.º 11 (2002): 972-980, www.psychiatrist.com/jcp/cognition-enhancing-effect-vagus-nerve-stimulation/; Charley A. Merrill, *et al.*, «Vagus Nerve Stimulation in Patients with Alzheimer's Disease: Additional Follow-Up Results of a Pilot Study through 1 Year», *Journal of Clinical Psychiatry,* vol. 67, n.º 8 (2006): 1171-1178. doi: 10.4088/jcp.v67n0801. PMID: 16965193.

CAPÍTULO 5

LA SALUD REPRODUCTIVA
DE LA MUJER

Durante la gestación, ya se están sentando las bases de la futura reproducción. En los machos, los testículos se preparan para producir esperma y, en las hembras, se desarrollan los ovarios, las trompas de Falopio y el útero. En ambos sexos se produce la primera fase del desarrollo del tejido mamario. Más tarde, durante la pubertad, este tejido se desmonta en los varones. Por el contrario, durante la pubertad, las mujeres experimentan la segunda etapa del desarrollo mamario, que implica la construcción de conductos lácteos y otros tejidos para favorecer la lactancia. La tercera etapa del desarrollo mamario se produce en las féminas durante el embarazo, con el desarrollo de un tejido lactante plenamente funcional. Este tejido vuelve a desmantelarse parcialmente tras el cese de la lactancia.

Todos estos órganos están construidos por los macrófagos residentes en los tejidos o bajo su control directo de señalización. El mantenimiento, remodelación (durante la maduración sexual, a través del embarazo y durante la menopausia) y soporte de estos órganos también es responsabilidad de estos macrófagos. Como se expondrá en los siguientes apartados, las experiencias disfuncionales y/o sintomáticas asociadas al tejido reproductor casi siempre implican y, muy a menudo, están motivadas por la activación de estos macrófagos en un estado inflamatorio. En este estado, como hemos visto en el cerebro y en los múltiples sistemas asociados al síndrome metabólico, los macrófagos se desentienden del mantenimiento, remodelación y soporte de los órganos, lo que conduce a la desregulación y la disfunción.

A partir de la pubertad, el sistema inmunitario femenino y el sistema nervioso autónomo funcionan en armonía para permitir la fertilidad. En 1980, Espey formuló la hipótesis de que la ovulación está impulsada por vías inflamatorias. Esto no implica que la fertilidad sana sea un acontecimiento inflamatorio, sino que comparte muchas vías comunes.

Más concretamente, la ovulación se desencadena por una oleada de la hormona luteinizante que conduce a la expresión de moléculas de señalización y vías metabólicas también asociadas a la inflamación. Los macrófagos residentes en el tejido se activan a medida que moderan amplias alteraciones de las estructuras foliculares, incluida una amplia remodelación de la matriz extracelular y una rápida angiogénesis, que en última instancia conducen a la rotura folicular y la liberación de ovocitos.[1]

Este proceso implica una señalización inflamatoria, pero también requiere una señalización antiinflamatoria para que la mujer pueda gestar un feto a término. Esto es similar a como la eliminación de desechos, denominada eferocitosis, que es antiinflamatoria, imita la fagocitosis inflamatoria de los patógenos.

Al coordinar todos los aspectos de la ovulación, estos macrófagos residentes en los tejidos siguen respondiendo a la señalización autonómica, asegurando la liberación de un óvulo maduro, el recorrido del óvulo por las trompas de Falopio, la posible concepción y, o bien la implantación y el crecimiento del embrión dentro del útero, o bien la expulsión del óvulo y del revestimiento del útero que se había preparado para la implantación de un óvulo fecundado.

En el caso del embarazo, tanto los macrófagos maternos y placentarios como el sistema nervioso autónomo de la madre (inicialmente) y del feto (durante las últimas fases de la gestación) trabajan juntos para:

---

1. L. L. Espey, «Ovulation as an Inflammatory Reaction–A Hypothesis», *Biology of Reproduction,* vol. 22, n.º 1 (1980): 73-106 (1980). https://doi.org/10.1095/biolreprod22.1.73; Diane M. Duffy, *et al.*, «Ovulation: Parallels with Inflammatory Processes», *Endocrine Reviews,* vol. 40 (2019): 369-416. doi: 10.1210/er.2018-00075. PMID: 30496379; PMCID: PMC6405411.

- Construir y mantener el órgano temporal que es el útero y la placenta conjuntos;
- Garantizar una gestación adecuada y el seguimiento del feto en desarrollo, asegurando que se mantienen todos los aspectos del crecimiento o, en caso de defectos genéticos o congénitos, la interrupción natural del embarazo;
- Producir tejido lactante en pleno funcionamiento;
- Iniciar el parto;
- Iniciar la lactancia;
- Devolver el útero a su estado previo al embarazo;
- Restaurar el ciclo menstrual;
- Desmantelar el tejido lactante cuando se interrumpe la lactancia,
- Suspender la fertilidad en la menopausia.

Con cada uno de los cambios descritos anteriormente, algunos de los cuales se describirán con más detalle en los siguientes apartados, la desregulación del sistema inmunitario y/o del sistema nervioso autónomo puede causar síntomas que van desde el dolor premenstrual, la desregulación del estado de ánimo y los problemas digestivos, hasta afecciones gestacionales, como la diabetes gestacional y la preeclampsia. La infertilidad (FOP, fallo ovárico prematuro), la endometriosis, el síndrome del ovario poliquístico (SOP) y los diversos síntomas menopáusicos de regulación de la temperatura corporal, así como otras experiencias vasomotoras incómodas, también están relacionados con desafíos autonómicos e inmunitarios.

Dado que se ha demostrado que la estimulación del nervio vago (VNS) aumenta la actividad parasimpática y reduce los niveles de inflamación y, más concretamente, desplaza a los macrófagos de una postura proinflamatoria al foco homeostático, no es sorprendente que favorezca una función reproductora sana.

Por ejemplo, al principio del embarazo, una elevación del tono vagal es normal.[2] Los síntomas desagradables e incluso peligrosos del em-

---

2. C. D. Kuo, *et al.*, «Biphasic Changes in Autonomic Nervous Activity during Pregnancy», *British Journal of Anaesthesia,* vol. 84, n.º 3 (2000): 323-329. doi: 10.1042/CS20160108. PMID: 27389588; PMCID: PMC4958371.

barazo, desde las náuseas hasta la diabetes gestacional, se asocian a una falta de elevación del tono vagal. Más adelante, los síntomas vasomotores de la menopausia pueden reducirse mediante la activación del nervio vago.

OVULACIÓN Y MENSTRUACIÓN

Hasta el 80 % de las mujeres experimentan algún tipo de síntoma o síntomas premenstruales, entre los que se incluyen fatiga, irritabilidad, cambios de humor, depresión, hinchazón abdominal, sensibilidad mamaria, acné, cambios en el apetito y antojos de comida, denominados colectivamente síndrome premenstrual (SPM), y algunos estudios sugieren que más de la mitad de estas mujeres buscan consejo médico para su tratamiento.[3] Aunque se ha hecho mucho hincapié en el papel del estradiol y la progesterona liberados tras la ovulación, parece estar implicada una menor disponibilidad de serotonina, y algunas investigaciones implican el papel de las citoquinas inflamatorias en la afectación de la expresión de neurotransmisores cerebrales. La forma grave del SPM, denominada trastorno disfórico premenstrual, suele tratarse con inhibidores selectivos de la recaptación de serotonina, una medicación diseñada para alterar los niveles sinápticos de serotonina cuando se cree que los niveles de serotonina son anormalmente bajos y una de las causas de los síntomas.[4]

Como se ha descrito anteriormente, la serotonina tiene múltiples funciones en la salud, en el sistema nervioso central (por ejemplo, en la

3. Khalida Itriyeva, «Premenstrual Syndrome and Premenstrual Dysphoric Disorder in Adolescents», *Current Problems in Pediatric and Adolescent Health Care,* vol. 52 (2022): 101187. doi: 10.1016/j.cppeds.2022.101187. Epub 2022 May 6. PMID: 35534402.
4. Lara Tiranini y Rossella E. Nappi, «Recent Advances in Understanding/Management of Premenstrual Dysphoric Disorder/ Premenstrual Syndrome», *Faculty Reviews,* vol. 11, n.º 11 (2022). doi: 10.12703/r/11-11. PMID: 35574174; PMCID: PMC9066446; Sabrina Hofmeister, and Seth Bodden, «Premenstrual Syndrome and Premenstrual Dysphoric Disorder», *American Family Physician,* vol. 94, n.º 3 (2016): 236-240. PMID: 27479626.

regulación del estado de ánimo, el sueño y el dolor mediante la inhibición descendente) y con respecto a la función metabólica, concretamente con respecto a la fosforilación oxidativa eficiente dentro de las mitocondrias (por ejemplo, como precursor del antioxidante esencial, la melatonina). La serotonina también desempeña un papel importante en la digestión (por ejemplo, motivando el movimiento peristáltico). Como ya se ha dicho, las citocinas inflamatorias afectan negativamente a la serotonina de múltiples maneras. En primer lugar, mediante la regulación al alza de la indolamina 2,3 dioxigenasa, el metabolismo del triptófano se desplaza de la síntesis de serotonina. En segundo lugar, los transportadores de serotonina (SERT), que son los mecanismos de recaptación a los que se dirigen los fármacos como ISRS e IRSN, están regulados al alza por las citocinas inflamatorias.[5]

El ciclo menstrual implica un aumento de la actividad del sistema simpático y de la producción de citocinas inflamatorias que suele alcanzar su punto máximo justo antes de la menstruación. Tras la menstruación, se produce un descenso constante de las citocinas circulantes a lo largo de la fase folicular. Como ya se ha dicho, una oleada de la hormona luteinizante (LH) liberada por la hipófisis desencadena el inicio de la ovulación. Este bolo de LH activa una expresión leve, pero claramente mensurable, de citocinas y quimiocinas inflamatorias que, de hecho, atraen a los monocitos (que se diferencian en macrófagos reclutados) que se enganchan a los folículos preovulatorios. Estos macrófagos reclutados, que son proinflamatorios por naturaleza, amplifican las citocinas proinflamatorias locales necesarias para estimular la ovulación y promover la maduración de los ovocitos. En apoyo de esto está el hecho de que el tratamiento dual con la citocina inflamatoria

---

5. Nicole Lichtblau, *et al.*, «Cytokines as Biomarkers in Depressive Disorder: Current Standing and Prospects», *International Review of Psychiatry*, vol. 25, n.º 5 (2013): 592-603 doi: 10.3109/09540261.2013.813442; Sandra Malynn, Antonio CamposTorres, Paul Moynagh, Jana Haase «The Pro-Inflammatory Cytokine TNF-⊠ Regulates the Activity and Expression of the Serotonin Transporter (SERT) in Astrocytes», *Neurochemical Research*, vol. 38 (2013): 694-704. doi: 10.1007/s11064-012-0967-y.

TNF-α, junto con la LH, aumenta significativamente la tasa de ovulación, mientras que el bloqueo del TNF-α inhibe la ovulación.[6]

Un estudio transversal realizado en un grupo de mujeres de diversas etnias y razas (n = 2.939) demostró una asociación significativamente positiva entre el nivel de proteína C reactiva de alta sensibilidad (PCR-as) > 3 mg/l y los síntomas del estado de ánimo premenstrual, los calambres abdominales / dolor de espalda, las ganas de comer / el aumento de peso / la hinchazón y el dolor mamario.[7]

Paralelamente a las fluctuaciones inflamatorias, se produce un cambio en la actividad del sistema nervioso autónomo a lo largo del ciclo menstrual. La fase lútea se asocia a un nivel elevado de activación simpática. Esto parece estar correlacionado con los niveles de progesterona y hay fuertes indicios de que el aumento de la actividad del sistema simpático durante la fase lútea tardía podría ser la causa del síndrome premenstrual (SPM) en algunas mujeres.[8]

La actividad del sistema nervioso autónomo está estrechamente asociada a la inflamación, como dijo un autor: «Uno de los principales objetivos del aumento de la actividad del sistema nervioso simpático (SNS) es alimentar un sistema inmunitario continuamente activado a nivel sistémico». El funcionamiento alterado del sistema nervioso autónomo (SNA) en la fase lútea tardía también se corresponde con los síntomas premenstruales y los estudios indican que cuando los sínto-

6. Zijing Zhang, Lu Huang, Lynae Brayboy, «Macrophages: An Indispensable Piece of Ovarian Health», *Biology of Reproduction,* vol. (2020): 1-12. doi: 10.1093/biolre/ioaa219. PMID: 33274732; PMCID: PMC7962765.

7. Ellen B. Gold, Craig Wells, Marianne O'Neill Rasor, «The Association of Inflammation with Premenstrual Symptoms», *Journal of Women's Health,* vol. 25, n.º 9 (2016): 865-874. doi: 10.1089/jwh.2015.5529. Epub 2016 May 2. PMID: 27135720; PMCID: PMC5311461.

8. Şadan Yazar y Mehmet Yazıcı, «Impact of Menstrual Cycle on Cardiac Autonomic Function Assessed by Heart Rate Variability and Heart Rate Recovery», *Medical Principles and Practice,* vol. 25, n.º 4 (2016): 374-377. doi: 10.1159/000444322. Epub 2016 Feb 1. PMID: 26828607; PMCID: PMC5588411; Rama Choudhury, *et al.*, «Sympathetic Nerve Function Status in Follicular and Late Luteal Phases of Menstrual Cycle in Healthy Young Women», *Journal of Bangladesh Society of Physiologist,* vol. 5, n.º 2 (2010): 80-88. doi: https://doi.org/10.3329/jbsp.v5i2.6782

mas se vuelven más graves (como ocurre en las mujeres con trastorno disfórico premenstrual, TDPM), el tono vagal está más deprimido de lo normal.[9]

La estimulación del nervio vago es una forma directa de influir en el SNA, aumentando el tono parasimpático y reduciendo los efectos de la activación del simpático, incluida la inflamación excesiva.

EMBARAZO E INFERTILIDAD

La causa más común de infertilidad femenina es el fallo ovulatorio prematuro o FOP, cuya causa principal es la inflamación. Se ha demostrado que la variabilidad de la frecuencia cardíaca (VFC) es menor entre las pacientes con FOP,[10] lo[11] que sugiere un papel de la disfunción del sistema nervioso autónomo y la insuficiencia vagal en dicha afección.

La remodelación de los tejidos es una función de los macrófagos que requiere una coordinación precisa y, en el caso de la ovulación y el mantenimiento de la fertilidad femenina, la distracción de los macrófagos por una inflamación o una señalización simpática excesiva puede alterar el proceso. Esto significa que un estrés importante puede interrumpir el flujo exquisitamente programado de acontecimientos que

---

9. Georg Pongratz y Rainer H. Straub, «The Sympathetic Nervous Response in Inflammation», *Arthritis Research & Therapy,* vol. 16 (2014): 1-12. doi: 10.1186/s13075-014-0504-2. PMID: 25789375; PMCID: PMC4396833; Tamaki Matsumoto, *et al.*, «Altered Autonomic Nervous System Activity as a Potential Etiological Factor of Premenstrual Syndrome and Premenstrual Dysphoric Disorder», *Biopsychosocial Medicine,* vol. 1 (2007): 24. doi: 10.1186/1751-0759-1-24. PMID: 18096034; PMCID: PMC2253548.

10. Hikmet Yorgun, *et al.*, «Evaluation of Cardiac Autonomic Function by Various indices in Patients with Primary Premature Ovarian Failure», Clinical Research in Cardiology 101 (2012): 753-759. https://doi.org/10.1007/s00392-012-0455-z

11. La variabilidad de la frecuencia cardíaca es una medida de la diferencia entre latidos del corazón. Dado el doble control del sistema nervioso simpático, que intenta acelerar el corazón y la influencia parasimpática, que lo ralentiza, un alto grado de variabilidad se considera un signo de salud y un sistema parasimpático fuerte. *(N. del A.).*

son cruciales para que se produzca la ovulación y ocasionar que el ciclo mensual literalmente no produzca un óvulo viable. La forma más conocida de esta disfunción es la que se produce entre las mujeres que padecen trastornos alimentarios, como la anorexia, que dejan de tener un ciclo regular porque sus cuerpos están sometidos a un estado crónico de desnutrición. Este mismo fenómeno puede producirse en el extremo opuesto del espectro fisiológico entre las mujeres que entrenan en exceso para competiciones atléticas y están sometidas a un estrés físico crónico.[12]

Se ha demostrado que la estimulación del nervio vago (VNS) afecta positivamente a la respuesta al estrés, reduciendo la activación del simpático y la inflamación. En 2011, Huang y sus colegas publicaron un resumen de los estudios que utilizaban técnicas de acupuntura para activar el nervio trago auricular que mejoraban las tasas de embarazo.[13]

Asimismo, en 2019, Kusuma y sus colegas publicaron resultados en pacientes de fecundación *in vitro* (FIV) que demostraban que la acupuntura que incluía la estimulación auricular producía ovocitos estadísticamente más maduros y daba lugar a un mayor porcentaje de embarazos con éxito.[14] Los informes anecdóticos de múltiples usuarias de la terapia de estimulación no invasiva del nervio vago (nVNS) apoyan la posibilidad de que ciertas dificultades para quedarse embarazada puedan resolverse con el uso regular de la técnica.

12. Leah M. Jappe, *et al.*, «Stress and Eating Disorder Behavior in Anorexia Nervosa as a Function of Menstrual Cycle Status», *International Journal of Eating Disorders,* vol. 47, n.º 2 (2014): 181-188. doi: 10.1002/eat.22211. Epub 2013 Nov 12. PMID: 24222529; PMCID: PMC3946633; Suvi Ravi, *et al.*, «Self-Reported Restrictive Eating, Eating Disorders, Menstrual Dysfunction, and Injuries in Athletes Competing at Different Levels and Sports», *Nutrients,* vol. 13, n.º 9 (2021): 3275. doi: 10.3390/nu13093275. PMID: 34579154; PMCID: PMC8470308.

13. Dong-mei Huang, *et al.*, «Acupuncture for Infertility: Is It an Effective Therapy?», *Chinese Journal of Integrative Medicine,* vol. 17, n.º 5 (2011): 386-395. https://doi.org/10.1007/s11655-011-0611-8

14. Ayu Cintani Kusuma, *et al.*, «Electroacupuncture Enhances Number of Mature Oocytes and Fertility Rates for In Vitro Fertilization», *Medical Acupuncture,* vol. 31, n.º 5 (2019): 289-297. doi: 10.1089/acu.2019.1368. Epub 2019 Oct 17. PMID: 31624528; PMCID: PMC6795274.

El síndrome de ovario poliquístico (SOP) es otra afección del aparato reproductor, caracterizada por síntomas que van desde el dolor y la alteración de la morfología ovárica hasta la infertilidad. Curiosamente, se ha clasificado como afección metabólica, dado el papel que desempeña en ella la desregulación de la insulina. El uso potencial de la estimulación del nervio vago (VNS) en el tratamiento del SOP ha atraído recientemente la atención con la publicación en 2023 de un artículo de Zhang y sus colegas de China. En este artículo, los autores afirman que la VNS debería estudiarse como tratamiento del SOP, porque «las anomalías en el sistema nervioso autónomo desempeñan un papel importante en la progresión de las afecciones patológicas ováricas, como el SOP».[15] Todavía no se han iniciado estudios clínicos con la VNS para tratar el SOP, pero Zhang *et al.* han expuesto una justificación viable de su eficacia.

SÍNTOMAS DE LA MENOPAUSIA

Tanto la actividad del sistema nervioso autónomo como la de los macrófagos residentes en los tejidos responden e influyen en la expresión de los cambios hormonales durante la menopausia. Los síntomas que se suelen experimentar durante la menopausia y que son consecuencia de estos cambios incluyen la desregulación del estado de ánimo, la fatiga y los sofocos durante el día y los sudores nocturnos durante el sueño. No obstante, «los sofocos [son] la queja más común relacionada con la menopausia de las mujeres peri y posmenopáusicas en los países occidentales».[16]

Según las investigaciones, los cambios en el equilibrio entre la actividad simpática y parasimpática se deben a la retirada de estrógenos.

---

15. Shike Zhang, *et al.*, «Transcutaneous Auricular Vagus Nerve Stimulation as a Potential Novel Treatment for Polycystic Ovary Syndrome», *Scientific Reports,* vol. 13, n.º 1 (2023): 7721. https://doi.org/10.1038/s41598-023-34746-z

16. Polly Fu, *et al.,* «Anxiety, Depressive Symptoms, and Cardiac Autonomic Function in Perimenopausal and Postmenopausal Women with Hot Flashes: A Brief Report», *Menopause,* vol. 25, n.º 12 (2018): 1470-1475. doi: 10.1097/ GME.0000000000001153. PMID: 29916944; PMCID: PMC6265057.

No es sorprendente que la desregulación del sistema nervioso autónomo (y la inflamación) sean causas subyacentes clave de muchos síntomas de la menopausia. Así lo han demostrado varias líneas de estudio, empezando por el hecho de que la yohimbina, un compuesto que aumenta la activación simpática central, provoca sofocos, y la clonidina, un fármaco que reduce la activación simpática, los mejora. Múltiples estudios han demostrado que la variabilidad de la frecuencia cardíaca (VFC) disminuye significativamente durante los sofocos diarios en relación con los períodos previos y posteriores. Del mismo modo, los sofocos moderados a graves y los problemas de sueño están relacionados con un aumento de la actividad nerviosa simpática y una disminución del tono parasimpático. Por ejemplo, en un estudio realizado entre mujeres que sufrían sudores nocturnos, una medida de la actividad del sistema nervioso autónomo mostró «una disminución de la actividad vagal [parasimpática] al inicio de un sofoco, en comparación con el valor basal y previo al sofoco [y] ... la magnitud del sofoco, es decir, la amplitud de la conductancia cutánea, se asoció con un aumento de la frecuencia cardíaca y una disminución del tono vagal».[17]

Este aumento de la activación simpática impulsa la inflamación. Como era de esperar, en un estudio sobre la expresión de citoquinas en más de 200 mujeres, estratificadas según la frecuencia y gravedad de los sofocos, se observó una correlación positiva entre la gravedad y el nivel de citoquinas. Las mediciones de nueve citocinas/quimiocinas circulantes demostraron que cuanto más graves eran los síntomas, mayores eran los niveles de TNF-α, IL-6, IL-8 y MIP1β. Estos datos concuer-

17. Robert R. Freedman, Michael L. Kruger, Samuel L. Wasson, «Heart Rate Variability in Menopausal Hot Flashes during Sleep», *Menopause,* vol. 18, n.º 8 (2011): 897-900. doi: 10.1097/gme.0b013e31820ac941. PMID: 21522045; PMCID: PMC3181047; Jin Oh Lee, *et al.*, «The Relationship Between Menopausal Symptoms and Heart Rate Variability in Middle Aged Women», *Korean Journal of Family Medicine,* vol. 32 (2011): 299-305. doi: 10.4082/kjfm.2011.32.5.299. Epub 2011 Jul 28. PMID: 22745867; PMCID: PMC3383141; Massimiliano de Zambotti, «Vagal Withdrawal during Hot Flashes Occurring in Undisturbed Sleep: Hot Flashes and Autonomic Activity», *Menopause,* vol. 20, n.º 11 (2013). doi: 10.1097/GME.0b013e31828aa344. PMID: 23571526; PMCID: PMC3713094.

dan con otros anteriores que asocian los sofocos con las citocinas inflamatorias, incluso en mujeres posmenopáusicas por lo demás sanas.[18]

Como ya hemos comentado, la actividad parasimpática suele verse suprimida por el aumento de la actividad simpática, y viceversa. Más importante aún, la inflamación se suprime mediante la activación parasimpática. Así pues, si el aumento de la actividad simpática desencadena o empeora los síntomas de los sofocos, la activación parasimpática (la estimulación del nervio vago, VNS) debería ser un supresor eficaz de los sofocos.

De hecho, se ha demostrado que la activación del sistema parasimpático por medios naturales (es decir, ejercicio, respiración profunda, baños de hielo y meditación) reduce los sofocos y eleva el estado de ánimo perimenopáusico. Los estudios observacionales han asociado niveles elevados de ejercicio con una menor frecuencia de sofocos y han demostrado que, por el contrario, la falta de ejercicio físico puede aumentar su frecuencia. Un estudio de 2016 comprobó directamente la hipótesis y descubrió que una intervención de dieciséis semanas de entrenamiento físico reducía significativamente la frecuencia semanal de sofocos en aproximadamente un 62 %. En 2023, aunque la declaración oficial de la Sociedad Norteamericana de Menopausia sobre el tratamiento no hormonal de los síntomas vasomotores no es concluyente, la mayoría de las pruebas procedentes de ensayos controlados aleatorizados indican que el entrenamiento con ejercicios aeróbicos y de resistencia produce una disminución de los sofocos subjetivamente experimentados.[19]

18. Wan-Yu Huang, *et al.*, «Circulating Interleukin-8 and Tumor Necrosis Factor-*A* Are Associated with Hot Flashes in Healthy Postmenopausal Women», *PloS One,* vol. 12, n.º 8 (2017): E0184011. https://doi.org/10.1371/journal. pone.0184011; Robert R. Freedman, Michael L. Kruger, Samuel L. Wasson, «Heart Rate Variability in Menopausal Hot Flashes during Sleep», *Menopause,* vol. 18, n.º 8 (2011): 897. Robert R. Freedman, Michael L. Kruger, Samuel L. Wasson, «Heart Rate Variability in Menopausal Hot Flashes during Sleep», *Menopause,* vol. 18, n.º 8 (2011): 897.

19. T. Ivarsson, A. C. Spetz, and M. Hammar, «Physical Exercise and Vasomotor Symptoms in Postmenopausal Women», *Maturitas,* vol. 29, n.º 2 (1998): 139-46. doi: 10.1016/s0378-5122(98)00004-8. PMID: 9651903; Tom G. Bailey, *et al.*, «Exercise Training Reduces the Frequency of Menopausal Hot by Improving

Aunque las pruebas relativas a la meditación y los sofocos son contradictorias, Sung y sus colegas de Corea publicaron en 2020 un estudio sobre la meditación en relación con los sofocos. Sesenta y cinco mujeres sanas incluían treinta y tres practicantes de meditación y treinta y dos sujetos de control que no meditaban. El grupo de meditación mostró una tendencia a reducir la depresión y la irritabilidad.[20]

Asimismo, se ha estudiado la eficacia de otra técnica natural para activar el tono parasimpático, la respiración profunda, para reducir la carga de sofocos entre las mujeres menopáusicas. Un estudio de 2019 incluyó a ochenta mujeres que habían experimentado una menopausia quirúrgica brusca en dos grupos: cuarenta mujeres que practicaron la respiración profunda varias veces al día durante tres semanas y un grupo de control de cuarenta mujeres que no lo hicieron. Se observaron diferencias estadísticamente significativas en la frecuencia de sofocos entre los grupos a partir de la segunda semana y siguieron mejorando en la tercera. Además, la calidad de las actividades de la vida diaria también mejoró significativamente en la tercera semana.[21]

La estimulación del nervio vago (VNS) aumenta la actividad parasimpática, disminuye el tono simpático e inhibe la inflamación. Por tanto, no es sorprendente que hayan empezado a acumularse pruebas de que la VNS reduce la carga de sofocos. Curiosamente, con frecuen-

Thermoregulatory Control», *Menopause,* vol. 23, n.º 7 (2016): 708-718. doi: 10.1097/GME.0000000000000625. PMID: 27163520; Janet S. Carpenter, «Physical Activity Is not a Recommended Treatment for Hot Flashes», *Menopause,* vol. 30, n.º 2 (2023): 121. doi: 10.1097/GME.0000000000002139. Epub 2022 Dec 28. PMID: 36696634; Sarah Witkowski, *et al.*, «Physical Activity and Exercise for Hot Flashes: Trigger or Treatment?», *Menopause,* vol. 30, n.º 2 (2023): 10-1097. doi: 10.1097/GME.0000000000002107. Epub 2022 Nov 7. PMID: 36696647; PMCID: PMC9886316.

20. Min-Kyu Sung, *et al.*, «A Potential Association of Meditation with Menopausal Symptoms and Blood Chemistry in Healthy Women: A Pilot Cross-Sectional Study», *Medicine,* vol. 99, n.º 36 (2020). doi: 10.1097/MD.0000000000022048. PMID: 32899065; PMCID: PMC7478772.

21. Naglaa Fathy Fathalla Zaied, *et al.*, «Effect of Paced Breathing Technique on Hot Flashes and Quality of Daily Life Activities among Surgically Menopaused Women», *Egyptian Journal of Health Care,* vol. 10, n.º 4 (2019). https://ejhc.journals.ekb.eg/article_266502_726caec36654843d2c81bdc444ae49e0.pdf

cia también sufren sofocos los hombres con cáncer de próstata que se someten a determinadas terapias quimioterapéuticas (similar a la abstinencia hormonal que experimentan las mujeres en la menopausia). En un estudio de estimulación del nervio trágico con acupuntura entre una pequeña población piloto, se observó una excelente reducción de los síntomas de sofocos, junto con una mejora de la calidad de vida y del sueño.[22]En cuanto al potencial de la VNS para elevar el estado de ánimo, que de otro modo se vería afectado por la menopausia, ya hemos descrito los mecanismos (expresión de serotonina y reducción de la inflamación) de la VNS en la depresión y que la Administración de Alimentos y Medicamentos (FDA) ya la aprobó para el tratamiento de la depresión médicamente refractaria basándose en numerosos estudios. Los estudios en el tratamiento de diversos estados de ansiedad también han demostrado sus beneficios.[23]

La alteración del sueño y la fatiga también son síntomas comunes de la menopausia. No es sorprendente que la alteración del sueño se asocie a una mayor actividad del sistema nervioso simpático[24] y a la inflamación.[25] Las consecuencias a corto plazo de la alteración del sue-

22. Christina Brock, *et al.*, «Transcutaneous Cervical Vagal Nerve Stimulation Modulates Cardiac Vagal Tone and Tumor Necrosis FactorAlpha», *Neurogastroenterology and Motility*, vol. 29, n.º 5 (2017): E12999. doi: 10.1111/nmo.12999. Epub 2016 Dec 12. PMID: 27957782; Tyvin Rich, *et al.*, «Intermittent 96-Hour Auricular Electroacupuncture for Hot Flashes in Patients with Prostate Cancer: A Pilot Study», *Medical Acupuncture,* vol. 29, n.º 5, (2017): 313-321. https://doi.org/10.1089/acu.2017.1236

23. Scott M. Berry, *et al.*, «A Patient-Level Meta-Analysis of Studies Evaluating Vagus Nerve Stimulation Therapy for Treatment-Resistant Depression», *Medical Devices: Evidence and Research* (2013): 17-35. doi: 10.2147/MDER.S41017. Epub 2013 Mar 1. PMID: 23482508; PMCID: PMC3590011; Mark S. George, *et al.*, «A Pilot Study of Vagus Nerve Stimulation (VNS) for Treatment-Resistant Anxiety Disorders», *Brain Stimulation,* vol. 1, n.º 2 (2008): 112-121. https://doi.org/10.1016/j.brs.2008.02.001

24. Katherine A. Stamatakis y Naresh M. Punjabi, «Effects of Sleep Fragmentation on Glucose Metabolism in Normal Subjects», *Chest,* vol. 137, n.º 1 (2010): 95-101. doi: 10.1378/chest.09-0791. Epub 2009 Jun 19. PMID: 19542260; PMCID: PMC2803120.

25. Michael R. Irwin, «Sleep Disruption Induces Activation of Inflammation and Heightens Risk for Infectious Disease: Role of Impairments in Thermoregula-

ño incluyen una menor resistencia al estrés, un estado de ánimo más bajo, una menor tolerancia al dolor y una mayor percepción del dolor, así como déficits cognitivos, de memoria y de aprendizaje. Se ha demostrado que la VNS mejora la calidad reparadora del sueño y amplía la duración del sueño profundo.[26] Cabe señalar que los implantes de VNS, que suelen programarse para administrar estimulación una vez cada cinco minutos día y noche, han mostrado un aumento pequeño pero identificable del riesgo de apnea leve. Hay pruebas de que este riesgo está relacionado con la técnica de implantación y no se ha observado entre los usuarios de tecnologías no invasivas.[27] Aunque existiera algún efecto transitorio de la propia terapia VNS sobre la apnea del sueño y, no se ha identificado ninguno, dado que las tecnologías no invasivas no se utilizan durante el sueño y suelen usarse con mucha menos frecuencia que los dispositivos implantados, es poco probable que la apnea surja como un riesgo de las estimulaciones no invasivas del nervio vago (nVNS).

Teniendo en cuenta todo lo explicado anteriormente sobre la inflamación y la función mitocondrial, ¿es de extrañar que la fatiga sea una queja frecuente entre las mujeres que pasan por la menopausia? Se ha estudiado la VNS no invasiva en cohortes de pacientes con Síndrome de Sjogren primario (una enfermedad autoinmune que afecta a las glándulas productoras de fluidos, repercutiendo en la producción de saliva, moco y lágrimas). En este estudio, se asignó aleatoriamente a cuarenta participantes con este síndrome a utilizar dispositivos nVNS activos o simulados dos veces al día durante cincuenta y cuatro días. Se recogieron múltiples medidas de fatiga comunicadas por los pacientes antes de iniciar el ensayo de cincuenta y seis días, así como al final del

tion and Elevated Ambient Temperature», *Temperature,* vol. 10, n.º 2 (2023): 198-234. doi: 10.1080/23328940.2022.2109932. PMID: 37332305; PMCID: PMC10274531.

26. Tove Hallböök, *et al.*, «Beneficial Effects on Sleep of Vagus Nerve Stimulation in Children with Therapy Resistant Epilepsy», *European Journal of Paediatric Neurology,* vol. 9, n.º 6 (2005): 399-407. doi: 10.1016/j.ejpn.2005.08.004.

27. Elena Zambrelli, *et al.*, «Laryngeal Motility Alteration: A Missing Link between Sleep Apnea and Vagus Nerve Stimulation for Epilepsy», *Epilepsia,* vol. 57, n.º 1 (2016): E24-E27. https://doi.org/10.1111/epi.13252

estudio. También se compararon las pruebas neurocognitivas y los marcadores inflamatorios entre los dispositivos activos y los simulados a lo largo del estudio. Las puntuaciones de fatiga se redujeron significativamente al final del estudio sólo en el grupo nVNS. También se produjeron mejoras significativas en las pruebas neurocognitivas (las zonas del cerebro asociadas a la creatividad y el pensamiento mejoraron a medida que disminuían las puntuaciones de fatiga).[28]

RIESGOS POSTMENOPÁUSICOS

Los incómodos síntomas de la menopausia, como la fatiga, la depresión, los sofocos y los problemas de sueño, resultan ser mucho más que una simple molestia, puesto que son precursores de futuros problemas médicos que pueden ser mucho más graves. El momento y la gravedad de estos síntomas, denominados síntomas vasomotores, se han correlacionado con un mayor riesgo de padecer varias afecciones médicas graves durante el período posmenopáusico. Los síntomas tempranos y poco frecuentes se asocian a menos complicaciones, mientras que los síntomas vasomotores tardíos y frecuentes/graves se asocian a afecciones, como enfermedades cardiovasculares, aterosclerosis, ictus, enfermedades metabólicas, osteoporosis, depresión y problemas de memoria.[29] Por supuesto, se ha demostrado que todos ellos

---

28. Jessica Tarn, *et al.*, «The Effects of Noninvasive Vagus Nerve Stimulation on Fatigue in Participants with Primary Sjögren's Syndrome», *Neuromodulation: Technology at the Neural Interface,* vol. 26, n.º 3 (2023): 681-689. https://doi.org/10.1016/j.neurom.2022.08.461

29. Emily D. Szmuilowicz, *et al.*, «Vasomotor Symptoms and Cardiovascular Events in Postmenopausal Women», *Menopause,* vol. 18, n.º 6 (2011): 63. doi: 10.1016/j.maturitas.2023.02.004; Dongshan Zhu, *et al.*, «Vasomotor Menopausal Symptoms and Risk of Cardiovascular Disease: A Pooled Analysis of Six Prospective Studies», *American Journal of Obstetrics & Gynecology,* vol. 223 n.º 6 (2020): 898. doi: 10.1016/j.ajog.2020.06.039. Epub 2020 Jun 23. PMID: 32585222; PMCID: PMC7704910; Aris Bechlioulis *et al.*, «Increased Vascular Inflammation in Early Menopausal Women Is Associated with Hot Flush Severity», *The Journal of Clinical Endocrinology & Metabolism,* vol. 97, n.º 5 (2012): E760 -E764. https://doi.org/10.1210/jc.2011-3151; Wan-Yu Huang, *et al.*, «Circulating In-

están relacionados con una mayor actividad del sistema nervioso simpático y con la inflamación. (La única de las afecciones mencionadas que no se ha tratado anteriormente es la osteoporosis, que se ha relacionado con la alteración de la actividad de los macrófagos; en este caso, los macrófagos del hueso, que se denominan osteoclastos).

La formación ósea en la gestación, el crecimiento durante la infancia y la remodelación en respuesta a las tensiones a lo largo de la vida son gestionados por los macrófagos residentes en los tejidos del sistema esquelético, los osteoclastos. Estas células son más conocidas por su capacidad para desmantelar la matriz ósea, pero es su respuesta al desgaste normal lo que conduce al proceso antiinflamatorio que desencadena la reabsorción del material óseo desgastado que no funciona y la promoción de sus células asociadas, los osteoblastos, para remodelar y sustituir el hueso que no funciona. Esto recuerda a la función anteriormente descrita de los macrófagos: la eferocitosis (la función no inflamatoria de eliminación de residuos utilizada en el recambio del tejido adiposo, la formación de vasos sanguíneos, el desarrollo neuronal y la poda sináptica).

De hecho, el paralelismo entre la reestructuración del hueso y de los vasos sanguíneos, y la remodelación del crecimiento es asombroso. En el desarrollo de una red de vasos sanguíneos, los macrófagos coordinan el crecimiento de una maraña de vasos conectados aparentemente al azar, que luego se vuelve a esculpir en una red eficiente que mantiene un flujo sanguíneo fluido con suficiente capacidad de transporte

terleukin-8 and Tumor Necrosis Factor-α Are Associated with Hot Flashes in Healthy Postmenopausal Women», *PloS One*, vol. 12, n.º 8 (2017). https://doi.org/10.1371/journal.pone.0184011; N. Biglia, *et al.*, «Vasomotor Symptoms in Menopause: A Biomarker of Cardiovascular Disease Risk», *Climacteric*, vol. 20, n.º 4 (2017): 306-312. doi: 10.1080/13697137.2017.1315089. Epub 2017 Apr 28. PMID: 28453310; Roisin Worsley, *et al.*, «Moderate-Severe Vasomotor Symptoms Are Associated with Moderate-Severe Depressive Symptoms», *Journal of Women's Health*, vol. 26, n.º 7 (2017). doi: 10.1089/jwh.2016.6142. Epub 2017 Mar 6. PMID: 28263691; Lauren L. Drogos, *et al.*, «Objective Cognitive Performance Is Related to Subjective Memory Complaints in Midlife Women with Moderate to Severe Vasomotor Symptoms», *Menopause*, vol. 20, n.º 12 (2013). doi: 10.1097/GME.0b013e318291f5a6. PMID: 23676633; PMCID: PMC3762921.

de oxígeno para hacer frente a las demandas del tejido al que abastece. La deposición inicial de matriz ósea, por ejemplo, en el caso de un hueso roto, se produce en forma de un grueso callo, que luego se optimiza mediante una lenta eliminación de matriz ósea y mineralización superflua. Del mismo modo que los aspectos del trastorno del espectro autista o la enfermedad de Alzheimer pueden considerarse una microgliosis (una enfermedad causada por la disfunción microglial), y la enfermedad vascular periférica puede observarse como un fallo de los macrófagos perivasculares y vasculares para mantener las estructuras de los microvasos, la osteoporosis puede considerarse un proceso de remodelación disfuncional por parte de los osteoclastos.

No es sorprendente que el pico de los síntomas vasomotores, que incluye los sofocos, coincida con el pico de aceleración de la pérdida ósea. Estudios a largo plazo durante la década de la menopausia y la posmenopausia han descubierto que las mujeres con síntomas vasomotores de intensidad moderada a grave experimentaban una mayor desmineralización (menor densidad mineral ósea medida en la columna vertebral y en la cabeza del fémur) y mayores tasas de fracturas de cadera, en comparación con las mujeres que tienen síntomas vasomotores mínimos o nulos. De nuevo, durante la menopausia, la reducción de los niveles hormonales está relacionada con el aumento de la expresión de citocinas que estimulan la formación de osteoclastos y osteoblastos, lo que conduce a un aumento de la renovación óseo y, finalmente, a la pérdida de masa ósea.[30]

La capacidad de la VNS para modular la inflamación y la activación del sistema nervioso autónomo sugiere claramente que puede ser beneficiosa para prevenir la pérdida ósea durante y después de la menopausia. Feng Ma y sus colegas descubrieron que la activación de la vía colinérgica antiinflamatoria mediante la activación de los α7-nAChR reducía la desmineralización ósea en un modelo animal de pérdida ósea. Según sus palabras:

30. N. Biglia, *et al.*, «Vasomotor Symptoms in Menopause: A Biomarker of Cardiovascular Disease Risk», *Climacteric,* vol. 20, n.º 4 (August 2017): 306- 312. doi: 10.1080/13697137.2017.1315089.

Los factores inflamatorios están implicados en la patogénesis de la osteoporosis. Tras 6 o 12 semanas de tratamiento con [un agonista del α7-nAChR], la densidad ósea [estaba] … notablemente potenciada en el grupo tratado con el fármaco … Los agonistas del α7-nAChR pueden regular al alza la expresión del receptor de estrógenos y pueden prevenir la aparición y el desarrollo de la osteoporosis.[31]

Pasando a otro tema, como ya se ha comentado, no son sólo los sofocos los que se correlacionan con el desarrollo de problemas médicos más graves. La experiencia de los sofocos coincide con una mayor ansiedad y síntomas depresivos autodeclarados y esto también se asocia a la inflamación crónica. Así pues, si la menopausia se caracteriza por una mayor prevalencia de síntomas del estado de ánimo en las mujeres de mediana edad, incluida la ansiedad y la depresión, se ha planteado la preocupación de que el aumento de los síntomas del estado de ánimo en la mediana edad por sí solo pueda estar asociado a un mayor riesgo de otros problemas de salud.[32]

Para ser más específicos, investigaciones previas en hombres y mujeres no menopáusicas han sugerido que tanto la ansiedad como la depresión pueden estar asociadas a alteraciones de la función autonómica cardíaca, en particular a la disfunción parasimpática (bajo tono vagal), medida por la variabilidad de la frecuencia cardíaca (VFC). El aumento de la activación simpática y la disminución de la parasimpática se han asociado a su vez con resultados cardiovasculares adversos y mor-

31. Feng Ma, *et al.*, «Effects of a7nAChR Agonist on the Tissue Estrogen Receptor Expression of Castrated Rats», *International Journal of Clinical and Experimental Pathology,* vol. 8 n.º 10 (2015): 13421-13425. PMCID: PMC4680496.

32. Roisin Worsley, *et al.*, «Moderate-Severe Vasomotor Symptoms Are Associated with Moderate-Severe Depressive Symptoms», *Journal of Women's Health,* vol. 26, n.º 7 (2017): 712-718. doi: 10.1089/jwh.2016.6142. Epub 2017 Mar 6. PMID: 28263691; Martha Hickey, C. Bryant, and F. Judd, «Evaluation and Management of Depressive and Anxiety Symptoms in Midlife», *Climacteric,* vol. 15, n.º 1 (2012): 3-9. www.aapec.org/images/BibliotecaVirtual/4.4.1.Depression_and_axiety_Climacteric_2012.pdf; Angelo Cagnacci, *et al.*, «Menopausal Symptoms and Risk Factors for Cardiovascular Disease in Postmenopause», *Climacteric,* vol. 15, n.º 2 (2012): 157-162. https://doi.org/10.3109/13697137.2011.617852

talidad en pacientes con enfermedades cardiovasculares, como la enfermedad arterial coronaria y la insuficiencia cardíaca crónica, así como con tasas más elevadas de enfermedades crónicas que aumentan la incidencia de enfermedades cardiovasculares, como la obesidad, la diabetes y la hipertensión.[33]

Los investigadores han descubierto que los síntomas del estado de ánimo y la ansiedad durante la menopausia se asociaban de forma similar a niveles más bajos de actividad parasimpática cardíaca en reposo y que los mayores niveles de ansiedad se asociaban a niveles más altos de actividad simpática cardíaca. Estos datos son preocupantes, pues es probable que las mujeres con mayores síntomas de ansiedad y depresión tengan un riesgo elevado de futuros problemas cardiovasculares, que van desde la hipertensión y la aterosclerosis hasta los infartos de miocardio y derrames cerebrales.[34]

El número de afecciones médicas diferentes que surgen durante y después de la menopausia entre las mujeres que experimentan desregulación autonómica e inflamación plantea la cuestión de si existen otros estados comórbidos impulsados por este tipo de hiperactividad simpática. En el próximo capítulo veremos que ciertamente es así y que puede explicar uno de los aspectos más caros de la asistencia sanitaria.

---

33. G. M. C. Rosano, C. Vitale, G. Marazzi, M. Volterrani, «Menopause and Cardiovascular Disease: The Evidence», *Climacteric,* vol. 10, n.º 1 (2007): 19-24. doi: 10.1080/13697130601114917; J. J. Von Holzen, G. Capaldo, Matthias Wilhelm, Petra Stute, «Impact of Endo- and Exogenous Estrogens on Heart Rate Variability in Women: A Review», *Climacteric,* vol. 19, n.º 3 (2016): 222-228. doi: 10.3109/13697137.2016.1145206; Ki-Jin Ryu, *et al.,* «Vasomotor Symptoms: More Than Temporary Menopausal Symptoms», *Journal of Menopausal Medicine,* vol. 26, n.º 3 (2020): 147. doi: 10.6118/jmm.20030. PMID: 33423402; PMCID: PMC7797223.

34. Taulant Muka, *et al.,* «Association of Vasomotor and Other Menopausal Symptoms with Risk of Cardiovascular Disease: A Systematic Review and Meta-Analysis», *PloS One,* vol. 11, n.º 6 (2016): e0157417. doi: 10.1371/journal.pone.0157417. PMID: 27315068; PMCID: PMC4912069; Polly Fu, *et al.,* «Anxiety, Depressive Symptoms, and Cardiac Autonomic Function in Perimenopausal and Postmenopausal Women with Hot Flashes: A Brief Report», *Menopause,* vol. 25, n.º 12 (2018): 1470-1475. doi: 10.1097/GME.0000000000001153. PMID: 29916944; PMCID: PMC6265057.

CAPÍTULO 6

PACIENTES MULTISINTOMÁTICOS

Anteriormente mencioné que mi padre era ginecólogo-obstetra. Cuando tuve edad suficiente para reconocer los horarios que tenían los obstetras, estando a merced de cuándo se ponían de parto sus pacientes, aunque fuera a las dos y media de la madrugada en pleno enero, le pregunté por qué había elegido ese campo de la medicina. Su respuesta fue curiosa. Dijo que le gustaba la obstetricia porque las conversaciones de los lunes por la mañana entre los médicos que se ocupaban del cáncer, las cardiopatías u otros problemas solían girar en torno a quién había muerto durante el fin de semana. Entre los obstetras, en cambio, la conversación giraba en torno a quién había tenido un hijo y qué nueva persona había nacido. A él, la obstetricia le parecía brillante y optimista, mientras que los otros campos eran más duros y a menudo fatalistas.

A pesar de que este campo es muy optimista, mi padre se encontró con muchos pacientes cuyos problemas médicos parecían deteriorarse a pesar de todos sus intentos. No quiero decir que se estuvieran muriendo, sino que su calidad de vida caía en picado. Estas pacientes habían empezado siendo jóvenes sanas y vibrantes, pero a medida que se acercaban a los treinta y cuarenta años, su salud empeoraba. Tenían migrañas, se quejaban de depresión o ansiedad, y sufrían alergias, problemas de sinusitis e incluso una aparición tardía de asma. Algunas referían molestos problemas de motilidad gástrica, como el síndrome del intestino irritable o el reflujo, y muchas tenían problemas para conciliar el sueño o permanecer dormidas. En otros casos, las mujeres experimentaban dolor generalizado o fatiga debilitante. Estos problemas también pueden afectar a los hombres, pero en general, estos síntomas parecen afectar mucho más a las mujeres que a los hombres. Por ejemplo, la migraña afecta tres veces más a las mujeres que a los hombres y cerca del 90 % de los pacientes de fibromialgia son mujeres.

Muchos colegas de mi padre reconocían el mismo patrón entre sus pacientes, pero enseguida se sentían frustrados por su incapacidad para tratarlas eficazmente. Muchos achacaban los problemas de las mujeres a «histeria femenina» y se referían a ellas como «locas». (Dato feo de la historia de la medicina: el término histerectomía procede en realidad de la creencia del siglo XIX de que la realización de esta cirugía eliminaba la histeria de las mujeres). Otros afirmaban que las mujeres mentían, a veces incluso diciéndoselo a la cara. Afortunadamente, mi padre era lo bastante honesto intelectualmente como para admitir que las pacientes estaban cuerdas y eran honestas. También era lo bastante humilde para aceptar que, a pesar de su título de la Facultad de Medicina de Georgetown, no sabía cómo tratarlas.

Avanzando veinticinco años, me encontré como fundador y director general de una empresa que desarrollaba un dispositivo no invasivo de estimulación del nervio vago para tratar las cefaleas. Por aquel entonces, estaba fascinado por la posibilidad de que la terapia tratara una mezcla ecléctica de afecciones, desde la epilepsia y la depresión hasta la obesidad, la migraña (por supuesto), el asma e incluso la artritis reumatoide. Un estudio con efectos prometedores en la fibromialgia fue para mí la gota que colmó el vaso. El potencial de esta terapia para ayudar a tanta gente era abrumador, pero necesitaba comprender los límites de lo que estábamos tratando.

Teniendo en cuenta que el producto original estaba autorizado por la Administración de Alimentos y Medicamentos de EE. UU. (FDA) para tratar las cefaleas, encontré un artículo de 2004, escrito por dos enfermeras, Jacqueline Pesa y Maureen Lage. Se habían interesado por cómo cambiaban los costes del tratamiento de los pacientes con problemas de salud mental (depresión y ansiedad) si éstos también sufrían migrañas. Sus resultados mostraron que la comorbilidad de la migraña y la enfermedad mental encarecía mucho más a los pacientes que los que sólo padecían una enfermedad. Dado que la terapia de estimulación del nervio vago (VNS) podría tratar las enfermedades mentales y las cefaleas al mismo tiempo, sospeché que los beneficios económicos serían considerables si estos pacientes tan caros empezaran a utilizar la VNS. Si podía demostrarlo, sería un poderoso argumento a favor de pagar la terapia. Fue por aquel entonces cuando me enteré del trabajo del Dr. Muhammad Yunus sobre la comorbilidad, que sugería que un fenómeno llamado sensibilización central podría estar subyacente al problema.[1]

SENSIBILIZACIÓN CENTRAL

Para entender la sensibilización central, imagina que ves a un amigo íntimo con el ceño muy fruncido. Tu cerebro reconoce inmediatamente la expresión y crea una expectativa de que tu amigo se relacione contigo como lo hace cuando está de mal humor. En este punto el asunto se pone interesante, porque ahora tu cerebro está haciendo una predicción sobre el tipo de información que aún no ha recibido. El neurocientífico Anil Seth describe el cerebro como una «máquina para predecir».[2] ¿Qué quiere decir? Quiere decir que, cuando tu amigo empiece a hablar, es probable que interpretes lo que dice como una queja, una expresión de frustración o incluso un enfado declarado. Es decir, las expectativas que tienes crean un marco cognitivo y emocional a través del cual interpretarás todas las aportaciones de tu amigo. El

---

1. Jacqueline Pesa y Maureen J. Lage, «The Medical Costs of Migraine and Comorbid Anxiety and Depression», *Headache: The Journal of Head and Face Pain,* vol. 44, n.º 6 (2004): 562-570. doi: 10.1111/j.1526-4610.2004.446004.x. PMID: 15186300; Muhammad B. Yunus, «Role of Central Sensitization in Symptoms Beyond Muscle Pain, and the Evaluation of a Patient with Widespread Pain», *Best Practice & Research Clinical Rheumatology,* vol. 21, n.º 3 (2007): 481-497. https://doi.org/10.1016/j.berh.2007.03.006
2. Anil K. Seth, «Interoceptive Inference, Emotion, and the Embodied self», *Trends in Cognitive Sciences,* vol. 17, n.º 11 (2013): 565-573. https://doi.org/10.1016/j.tics.2013.09.007

cerebro utiliza las percepciones previas de la información que recibió en el pasado, que en sí mismas están sujetas a interpretaciones previas, para predecir el significado de las entradas que recibe actualmente. Si eso te parece difícil de comprender, piensa de nuevo en tu amigo con el ceño fruncido y pregúntate cómo le responderías con una sonrisa y le dirías: «Genial, y tú, ¿qué tal estás?» o le dirías con preocupación: «Estoy bien, pero ¿va todo bien contigo?».

Ahora, imagina esa misma máquina de predicción interpretando la entrada de presión contra tu brazo. El cerebro tiene que interpretar si la entrada que llega a través de las terminaciones nerviosas de tu piel es una amenaza, en cuyo caso es apropiada una respuesta de dolor para motivarte a alejarte de la presión, o, si es benigna, tu cerebro percibirá conscientemente la presión durante un momento y luego silenciará esa entrada, permitiendo que pase a un segundo plano. Cuando hablo con un grupo de personas sobre este tema, suelo pedirles que levanten la mano si llevan calcetines o un cinturón. Casi todos levantan la mano. Luego les pido que bajen la mano si no eran conscientes o no sentían los calcetines o el cinturón, antes de pedirles que examinen su cuerpo en busca de la respuesta. La mayoría de las personas bajan las manos en ese momento, porque al cabo de unos instantes de ponerse los calcetines, la ropa interior, las camisas, los pantalones, los cinturones y demás, sus cerebros reconocen esas experiencias sensoriales como benignas e ignoran rápidamente las entradas. En este proceso interviene un fenómeno denominado inhibición descendente, que consiste en la liberación de neurotransmisores inhibidores en las neuronas del tronco encefálico que reciben la entrada. (Los nervios periféricos no se alteran mediante este proceso, pero el cerebro elige interpretar las señales de una forma u otra basándose en una evaluación global de las circunstancias. Por eso se dice que los cortes con papel duelen ocho veces más cuando se producen en el trabajo que cuando se está en casa descansando).

Según la teoría, si el cerebro tiene la expectativa de que una entrada va a ser benigna, la experiencia suele ser menos dolorosa o incluso carecer por completo de dolor. A la inversa, una expectativa de dolor conduce a una reducción del umbral de lo que realmente puede hacer que percibas una entrada como dolorosa. Entonces, ¿cómo puede programarse el cerebro para que tenga una expectativa de dolor anormal (en cualquier dirección)? Una forma es que lesiones menores previas distorsionen la interpretación adecuada de lesiones mucho más graves. (La charla TED de Lorimer Moseley, de la Universidad de Australia Meridional, es absolutamente excelente y proporciona una explicación muy entretenida de cómo las expectativas del cerebro pueden causar percepciones erróneas completamente equivocadas [e incluso potencialmente mortales] de las entradas).

Otra forma de crear el marco para respuestas inadecuadas a las entradas se produce mediante la activación crónica y/o grave del sistema inmunitario.

De hecho, así es como los científicos suelen generar modelos de dolor en animales. Los modelos animales de migraña que crearon Michael Oshinsky y Paul Durham, que se presentaron en el debate sobre el dolor de cabeza, funcionan de este modo. El modo en que describo esto en las presentaciones es más o menos así:

Cada milímetro cúbico de tu cuerpo tiene terminaciones nerviosas que transmiten constantemente información sobre la situación de esa pequeña región al tronco encefálico. El tiempo medio de envío de estas señales es de milisegundos, lo que significa que cada segundo llegan, literalmente, millones de bits de información al cerebro. El cerebro está organizado para recibir estos bits de datos electroquímicos y extraerles algún significado. En el nivel más alto, el significado derivado podría ser, por ejemplo: «Tengo que ir al baño» o «Me arden los músculos de las piernas por esta carrera» o «Caramba, noto que este frío se me está metiendo en el pecho».

Resulta que gran parte de estos datos autonómicos que inundan el tronco encefálico tienen que ver con el sistema inmunitario y la producción de energía en el cuerpo (macrófagos y mitocondrias).

Pues bien, a pesar de que el sistema inmunitario siempre está lidiando con algún nivel de infección vírica y/o bacteriana, el flujo de información que llega al tronco encefálico suele estar silenciado por la inhibición descendente, por lo que no percibimos conscientemente esos problemas, aunque el sistema inmunitario esté trabajando en colaboración con el sistema nervioso para garantizar que luchamos contra la pequeña escaramuza y nos recuperamos. La función mitocondrial no se altera significativamente y todo va bien. En cierto sentido, el cerebro ejecuta un programa que distorsiona la percepción, de modo que las entradas que recibe se consideran benignas a nivel subconsciente (es decir, el equivalente biológico de «gestionar esta señal está por debajo de tu rango»).

Sin embargo, de vez en cuando, el sistema nervioso autónomo envía señales lo bastante fuertes como para atravesar ese amortiguador de inhibición descendente y la señal es interpretada como apta para ser percibida. Lo contrario también es cierto y, de vez en cuando, el silenciador de la inhibición descendente se debilita y aparecen las señales que, de otro modo, no habrían llegado al mundo de las percepciones. Cualquiera que se haya excedido en el consumo de alcohol probablemente haya experimentado este fenómeno a la mañana siguiente, cuando reaparecen misteriosamente todas las formas de lesiones anteriores, porque el alcohol tiene la capacidad de degradar los filtros naturales del dolor que impiden que experimentes las molestias y dolores continuos de lesiones o desgaste anteriores.

Volvamos al ejemplo de las señales periféricas que se hacen lo suficientemente fuertes como para superar la inhibición descendente normal. Cuando esto ocurre debido a un problema inmunitario (es decir, una inflamación), el cerebro cambia a un modo diferente, al que yo me refiero como «programa de enfermedad». Curiosamente, este programa está diseñado para que cambies tu comportamiento (por ejemplo, que te acuestes, duermas, no comas, te mantengas alejado de otras personas y permanezcas inactivo). Ahora bien, sería mucho más fácil si el programa simplemente te diera un mensaje de voz que dijera estas cosas, pero no tiene medios para hacerlo. Además, es el mismo sistema que tiene que hacer lo mismo con tu perro o tu gato, así que ni siquiera los mensajes de texto funcionan.

Lo que hace, en cambio, es cansarte, marearte un poco y/o darte dolor de cabeza, bajarte el ánimo, provocarte náuseas, hacer que te duela todo y alterar tu metabolismo y tus ritmos circadianos para que puedas dormir diez horas en pleno día. Pero aquí está el problema. Si lo piensas, son los mismos síntomas de los que se quejan las personas con fatiga crónica, fibromialgia, síndrome del intestino irritable, depresión, migraña y otras afecciones crónicas, sólo que se quejan de ellos durante años porque no remiten. ¿No es de extrañar que aparezcan juntos con mucha más frecuencia que la casual y que sean muy difíciles de tratar? La diferencia es que, en el caso de la gripe, la mayoría de la gente supera los síntomas, pero es muy interesante que la enfermedad COVID-19 prolongada se haya asociado a una afección a largo plazo, denominada Long COVID, en la que los síntomas reflejan estos síntomas crónicos.

Entonces, ¿cómo se llega a este estado persistente en el que el programa de enfermedad no se desconecta? La respuesta es un proceso de dos pasos. El primer paso es un ataque inflamatorio real y, el segundo, un cambio en el centro del procesamiento de la señalización autonómica y sensorial entrante. Con respecto al primer paso, recuerda que las amenazas físicas, mentales y emocionales pueden desencadenar la inflamación. El ataque o los ataques tienen que ser prolongados y/o graves y, por lo general, repetidos. Hay quien sugiere que este primer paso del proceso requiere en realidad dos ataques que se produzcan de dos formas distintas (es decir, un desafío físico seguido de un desafío emocional). Cuando la inflamación persiste, mantiene al cerebro en el programa de enfermedad durante el tiempo suficiente para que la inhibición descendente y otros mecanismos para categorizar adecuadamente los impulsos nerviosos entrantes se vuelvan disfuncionales. Esto se convierte en un círculo vicioso, ya que las señales que normalmente son benignas se convierten en desencadenantes de nuevas respuestas inflamatorias periféricas y centrales. En cierto sentido, te sensibilizas a todas las entradas, al menos de cierto tipo (por ejemplo, una inflamación gastrointestinal grave o prolongada provoca gastroparesia o SII). Esta sensibilización del sistema nervioso central, o sensibilización central, es una forma de procesamiento desadaptativo del dolor (y de toda la señalización autonómica).[3]

---

3. Jo Nijs, *et al.*, «Brain-Derived Neurotrophic Factor as a Driving Force behind Neuroplasticity in Neuropathic and Central Sensitization Pain: A New Therapeutic Target?», *Expert Opinion on Therapeutic Targets,* vol. 19, n.º 4 (2015): 565-576. doi: 10.1517/14728222.2014.994506.

Clifford Woolf explica que el dolor, en un sentido neuroinmunológico, puede dividirse en categorías reactivas (para provocar la evitación reflexiva de amenazas como el calor, el filo y la presión para minimizar las lesiones), adaptativas (el dolor persistente de una contusión o quemadura, asociado a la respuesta inflamatoria intermedia, que sirve para limitar el uso del tejido durante el período de reparación) y desadaptativas (dolor que es anormal y no sirve para ningún propósito protector fácilmente identificable).[4] El dolor reactivo actúa a través de vías que pasan por la médula espinal, limitando la necesidad de un procesamiento superior. El dolor adaptativo activa áreas (tanto sensoriales como emocionales) del sistema nervioso central. El propósito evolutivo de este dolor de hipersensibilidad es promover la curación y garantizar que el individuo no agrave el daño causado por la actividad continuada.

El dolor desadaptativo se subdivide a su vez en dos tipos: el dolor que surge de un daño en el sistema nervioso (como por ejemplo, el dolor neuropático) y el dolor que se produce como resultado de un funcionamiento incorrecto del sistema nervioso (dolor disfuncional). La sensibilización central es disfuncional y suele ser consecuencia de una inflamación que luego se vuelve desadaptativa como resultado de las mismas respuestas neuroinmunes descritas en el capítulo 2, como la degradación de la inhibición descendente, la liberación de factores como el péptido relacionado con el gen de la calcitonina (CGRP). De este modo, la inflamación periférica comienza como un simple dolor, pero la activación prolongada de estos circuitos crea una expectativa de dolor y, al igual que una bicicleta que atraviesa el bosque una y otra vez, las huellas se convierten en caminos trillados. Las entradas excitatorias prolongadas de señales nocivas crean circuitos centrales sensibilizados que permanecen crónicamente excitados (es decir, en estado de dolor). El dolor crónico conduce de y a la inflamación crónica, resultando ambos en un proceso de sensibilización dentro del sistema nervioso central.

---

4. Clifford J. Woolf, «Recent Advances in the Pathophysiology of Acute Pain», *British Journal of Anaesthesia,* vol. 63, n.º 2 (1989): 139-146. doi: 10.1093/bja/63.2.139; Clifford J. Woolf, «What Is this Thing Called Pain?», *The Journal of Clinical Investigation,* vol. 120, n.º 11 (2010): 3742-3744. doi: 10.1172/JCI45178. Epub 2010 Nov 1. PMID: 21041955; PMCID: PMC2965006.

USO DE LA ESTIMULACIÓN DEL NERVIO VAGO (VNS) EN PACIENTES MULTISINTOMÁTICOS

La suerte quiso que me presentaran a un grupo de farmacéuticos clínicos del Reino Unido que tenían acceso a cientos de miles de expedientes de pacientes activos en sus bases de datos electrónicas que podían analizar. Les expliqué lo que necesitaba, que era un conjunto de pacientes que sufrieran fuertes dolores de cabeza y que utilizaran muchos recursos sanitarios. Al cabo de unas semanas me mostraron sus conclusiones preliminares. Habían identificado a cincuenta pacientes con graves problemas de cefalea, y habían expuesto todos los gastos relacionados con la asistencia sanitaria de estos pacientes en una hoja de cálculo con todo su historial de diagnóstico, médico y de prescripción de fármacos. En realidad, era mucha más información de la que esperaba ver sobre los pacientes, pero enseguida me llamó la atención algo fascinante. Las trayectorias médicas de estos pacientes parecían idénticas. Todos tenían cefaleas, sin duda, pero también padecían otras múltiples enfermedades, empezando por depresión y/o ansiedad, pero también problemas de sueño, alergias o asma, problemas gastrointestinales, y muchos sufrían dolores generalizados, desde endometriosis hasta fibromialgia. Francamente, lo que estaba viendo eran los peores casos de lo que Pesa y Lage habían escrito más de una década antes, porque los datos incluían ahora mucho más que problemas de salud mental.

Lo interesante para mí, por supuesto, era que todas estas afecciones eran aquellas para las que se estaba estudiando la estimulación del nervio vago (VNS) como posible tratamiento. Así que se me ocurrió una idea. Pedí al equipo de farmacéuticos clínicos que no se centraran sólo en los pacientes con cefaleas, sino que me proporcionaran una hoja de cálculo con TODOS los historiales diagnósticos de TODOS los pacientes de las distintas consultas que habían buscado.

Me advirtieron de que la hoja de cálculo sería enorme y tenían razón. La primera hoja de cálculo que me enviaron tenía más de 150.000 líneas de datos, lo que provocaba que mi ordenador se bloqueara cada quince minutos. Sin embargo, dieciséis horas más tarde, había descubierto algo realmente extraordinario. Había clasificado a todos los pacientes en función de si habían tenido algún diagnóstico de alguna de las afecciones que había visto y sobre las que había leído y, por tanto, pensaba que la VNS podría ayudar a tratar. Había seis categorías de trastornos: dolor de cabeza, depresión o ansiedad, problemas de motilidad gástrica, trastornos del sueño, asma o alergias (o sinusitis crónica) y dolor generalizado. Al 40 % de la población de este grupo de miles de pacientes nunca se le había diagnosticado ninguna de estas afecciones, y rara vez (o nunca) acudían a su médico de cabecera, tomaban medicación, iban al hospital o consultaban a un especialista. A otro 30 % se le había diagnosticado sólo una de las seis enfermedades, y sus costes (uso de medicación, visitas al médico y visitas al hospital) eran más o menos la media. Fue en el siguiente 30 %, al que se le diagnosticaron varias enfermedades, donde las cosas se pusieron interesantes y caras. Increíblemente, en un grupo de entre el 12 % y el 15 % de la población a la que se diagnosticaron simultáneamente cuatro, cinco o incluso seis de estas enfermedades, los costes se dispararon.

Para los que estéis bostezando por lo que estoy compartiendo, dejadme que os explique el quid de la cuestión. Supongamos que la prevalencia de cada una de estas afecciones es del 10 %, es decir, que una de cada diez personas padece cada uno de los problemas médicos que he aislado (en realidad, la migraña es del 12 %, pero la fibromialgia es mucho menor, en torno al 3 %, los problemas gastrointestinales rondan el 10 % y la ansiedad es incluso un poco mayor que la migraña, pero el 10 % de cada uno es una buena estimación para demostrar lo que quiero decir). Si uno de cada diez tiene migraña y uno de cada diez tiene problemas gastrointestinales, entonces, si estos dos problemas no están relacionados, el número de personas que tienen ambos debería ser sólo del 1 %. Tener tres afecciones debería ser un fenómeno de uno entre mil. Los datos que estaba examinando mostraban que una de cada ocho personas tenía cuatro o más afecciones simultáneamente. Algo tenía que explicar este nivel de comorbilidad escandalosamente superior al que podían explicar las estadísticas.

Dado que todas estas enfermedades estaban aprobadas para ser tratadas con la VNS o existían pruebas clínicas de que podían ayudar, organicé un estudio muy sencillo con las consultas de las que habíamos obtenido los datos originales. El objetivo era ver si la VNS podía ayudar a aliviar todos los síntomas que los pacientes experimentaban simultáneamente. Para ser exactos, los médicos ya ni siquiera querían ver a estos pacientes, porque estaban en sus consultas todo el tiempo buscando cuidados que nunca parecían ayudar. Así que llegamos a un acuerdo y dijimos que invitaríamos a los pacientes a ver al farmacéutico para que revisara su medicación.

Los médicos y los farmacéuticos nos dijeron que los correos masivos atraerían a uno o quizá dos de estos pacientes de cada cien. ¡Vaya si se equivocaron! El 20 % de las personas a las que escribimos aparecieron con la carta en la mano, preguntando cómo sabíamos que experimentaban todos los síntomas que habíamos enumerado. En la mayoría de los casos, los historiales de los pacientes ni siquiera reflejaban todos los síntomas, pero los pacientes solían explicar que nunca habían recibido un diagnóstico para algunos de los síntomas porque no querían tener que tomar más medicación. Simplemente vivían con esos síntomas sin tratar. Cuando nuestros farmacéuticos explicaron a los pacientes nuestra tesis, que todos sus síntomas podían estar relacionados y que podía haber una forma subyacente de tratarlos, bueno, hicimos llorar a hombres adultos. Muchos respondieron con alguna forma de: «Lo sabía, pero nadie me escucha». En realidad, era bastante triste y frustrante oírlo.

Curiosamente, muchos seguían diciendo a nuestros farmacéuticos que todos sus problemas tenían su origen en un acontecimiento concreto de sus vidas (una enfermedad, un trauma, un acontecimiento vital estresante, una operación o una pérdida emocional) y que, tras ese acontecimiento, «no habían vuelto a ser los mismos». Era fácil ver cómo estas personas habían vivido acontecimientos parecidos a lo que los investigadores hacían a los animales en sus estudios sobre la migraña y otras enfermedades. La vida estaba haciendo a estas personas lo que los investigadores habían descubierto que era la forma de sensibilizar centralmente a los animales.

Les ofrecimos nuestro dispositivo de estimulación no invasiva del nervio vago (nVNS) para que lo probaran y les pedimos que rellenaran cada mes un sencillo cuestionario de cinco preguntas que medía los aspectos básicos de su calidad de vida. Literalmente, el 96 % de los pacientes aceptaron nuestra oferta. Te contaré cómo les fue dentro de un minuto, pero antes…

Mientras este estudio despegaba, me presentaron a otro grupo del Reino Unido, esta vez uno que en realidad formaba parte del Sistema Nacional de Salud (el NHS), que es parte del gobierno. Este grupo gestiona una base de datos en la que se pueden realizar búsquedas y que contiene los historiales médicos de más de 6 millones de personas, denominada base de datos CPRD. Cuando compartí con su fundador, el director de la CPRD, John Parkinson, lo que estábamos viendo, quedó tan impresionado que hizo que su equipo realizara un análisis de la base de datos por un valor equivalente a unos 300.000 dólares para confirmar lo que nuestro equipo de farmacéuticos clínicos había descubierto. Cuando obtuvieron los mismos resultados con los datos de su equipo, John Parkinson se quedó boquiabierto.

Mientras tanto, durante las tres semanas al mes que estuve de vuelta en EE. UU., me presentaron al Dr. Timothy Smith, un neurólogo que dirigía investigaciones para el sistema sanitario Mercy Health Systems. (Mercy Health Systems es el segundo sistema sanitario integrado más grande del país). Como neurólogo especializado en cefaleas, hizo una rápida revisión entre los pacientes de Mercy Health (en un grupo de 2 millones de pacientes) para averiguar cuántos de los que padecían migraña tenían también estos otros problemas. Lo que descubrió le sorprendió enormemente. El subgrupo de pacientes más caro que tenían en su sistema era este grupo de pacientes con migraña multisintomática.

Un grupo de 86.000 pacientes les costaba 2.000 millones de dólares al año. Peor incluso, los costes de estos pacientes iban en aumento y, como ninguna de las afecciones parecía terminar (ni con la muerte ni con la curación), los costes de por vida de estos pacientes superaban a los de cualquier otro grupo, ¡incluidos los de los que padecían insuficiencia cardíaca y cáncer!

A raíz de estas revelaciones, decidí solicitar la ayuda de una empresa de análisis de datos llamada GNS Healthcare, de Cambridge (Massachusetts, EE. UU.). En aquel momento, habían adquirido acceso a una base de datos de 100 millones de pacientes de EE. UU. y sus costes sanitarios en seguros privados, que abarcaba un período de seis años. Les pedí que pusieran a prueba las dos teorías:

- La comorbilidad entre estas seis afecciones estaba muy fuera de los límites de lo que cabría esperar aleatoriamente, y
- Los costes medios de los pacientes multisintomáticos son astronómicamente más caros que los costes medios de todos los demás. Ya se había demostrado en el Reino Unido y también en el Mercy Health Systems, pero esta tercera sería la definitiva. Como era de esperar, los resultados que obtuvieron confirmaron las conclusiones.

El último análisis que hicimos fue con uno de los neurólogos más destacados del país, el Dr. Richard Lipton, que tiene triple titulación y ocupa simultáneamente puestos en neurología, psiquiatría y epidemiología. El Dr. Lipton había participado en el estudio clínico sobre el dolor de cabeza que se había llevado a cabo para obtener la autorización de la Administración de Alimentos y Medicamentos de EE. UU. (FDA) para la terapia de estimulación no invasiva del nervio vago (nVNS) que habíamos desarrollado y, por tanto, estaba muy interesado en lo que yo estaba investigando. Cuando compartí con él los resultados que habíamos obtenido en el estudio original del Reino Unido, se dio cuenta de que había suficientes datos en las hojas de cálculo para hacer lo que él denominaba un análisis de causalidad latente, que es básicamente una prueba matemática para determinar si una de las afecciones estaba provocando todos los demás problemas. La alternativa, como habría dicho Sherlock Holmes, era que, si no había ninguna afección sintomática que impulsara a las demás, entonces la única alternativa sería que subyacía a toda la comorbilidad un problema asintomático que pasaba desapercibido (o no se detectaba). Por supuesto, como habrás podido intuir, esto último es exactamente lo que mostró el análisis. Aun así, dejaba una gran pregunta sin respuesta, que era: ¿Cuál era el problema subyacente que constituía esta causa latente?

La cuestión de cuáles podrían ser las causas latentes era algo con lo que el propio Richard Lipton había estado luchando durante más de una década con respecto a un conjunto más reducido de síntomas que surgen de la migraña. A decir la verdad, al estar interesado en el dolor de cabeza, Lipton había centrado gran parte de su atención en las distintas características de la migraña. Yo, en cambio, estaba mucho más interesado en el nervio vago y el sistema nervioso autónomo en su conjunto.

Así que predije que el problema era un desequilibrio del sistema nervioso autónomo que dejaba a los pacientes en un estado de actividad simpática crónica. Como el lector ya habrá comprendido, la sobre-actividad simpática provoca la inflamación, lo que dificulta cualquier intento de tratar un síntoma concreto y limita los beneficios de los medicamentos que sólo los enmascaran. Es decir, si el cuerpo está en estado de sobrecarga simpática, mejorar es como intentar escalar una pared rocosa escarpada sin cuerdas ni pitones. Si se puede inducir el modo descansar, digerir y restaurar, entonces las dos fuerzas más poderosas de la salud (el sistema nervioso y el inmunitario) están trabajando para ti y mejorar te resultará un camino en bajada.

Efectivamente, cuando Richard Lipton pidió a sus estadísticos que analizaran los datos que habíamos proporcionado utilizando esta hipótesis, los datos de los pacientes se dividieron justo por la mitad. Los que tenían las disfunciones del sistema nervioso autónomo presentaban los síntomas y, los que no, estaban en gran medida libres de los síntomas. Al revelarse esta respuesta, surgió una nueva pregunta: ¿Podemos invertir la sensibilización central o, al menos, tratarla, modulando el sistema nervioso autónomo? Los estudios con animales realizados por Michael Oshinky y Paul Durham ya nos habían proporcionado indicios, al igual que los estudios clínicos que habíamos llevado a cabo sobre el dolor de cabeza y el trabajo de otros sobre la depresión, pero realizar un estudio sobre muchos síntomas aparentemente distintos no era algo que los investigadores hicieran habitualmente.

La respuesta a esta pregunta nos devuelve al estudio de la nVNS en los pacientes multisintomáticos del Reino Unido. No todos los pacientes cumplieron el tratamiento con el dispositivo que les proporcionamos. De hecho, perdimos alrededor de un tercio de ellos el primer mes, pero, para ser francos, no habían acudido a la visita esperando inscribirse en un estudio. Sin embargo, muchos de los que lo siguieron, empezaron a informar de beneficios absolutamente notables en todos los aspectos de sus síntomas. Los comentarios más constantes se referían a la mejora del sueño, la disminución del dolor (sobre todo de cabeza), la reducción de la ansiedad, la mejora del estado de ánimo y la mejora de la respiración. Algunos pacientes informaron también de otros beneficios, como la pérdida de peso y la mejora de la función cognitiva. Lo más importante es que la mejora en las puntuaciones de calidad de vida siguió aumentando en el transcurso de tres meses y, después, mantuvo este alto nivel durante más de un año. La cuantía de la mejora fue aproximadamente la misma que la de las personas que se someten a una prótesis total de rodilla (uno de los procedimientos con más éxito de la medicina), salvo que los beneficios no se limitaron a la movilidad, sino que abarcaron todo el cuestionario.

CAPÍTULO 7

LA EPIGENÉTICA, LA FUNCIÓN INMUNITARIA Y EL NERVIO VAGO

Imagina que te acaban de contratar para dirigir las compras del popularísimo restaurante de 3 estrellas Michelin Chez Shells. El famosísimo jefe de cocina, Jacques St. Coquilles, ha escrito en secreto, en código, sus codiciadas recetas para cada apetitoso plato del menú. Tu trabajo consiste en comprar los ingredientes que necesitará para cocinar para todos los clientes que acuden a su galardonada experiencia gastronómica. Aunque estás entusiasmado por haber conseguido este cómodo trabajo con increíbles beneficios gustativos, pronto te das cuenta de que el chef no te ha dado suficiente información para que puedas hacer tu trabajo. Aunque te ha dado el código secreto para descifrar cuáles son los ingredientes y qué cantidad de cada ingrediente entra en cada plato, no tienes ni idea de la frecuencia con que los clientes piden cada uno de ellos. ¿Deberías comprar más rabo de toro o pato? Tampoco tienes ni idea de cuánto durará el gallo de la lista en la cámara frigorífica, ni la carne de Kobe que llega semanalmente de Tokio. Por último, no sabes cómo cambian las demandas durante la semana, por ejemplo, cuánta gente va a cenar un martes frente a un sábado.

Ahora imagina que eres una célula nerviosa, sentada en el núcleo dorsal del rafe (la principal fuente de serotonina del tronco encefálico) de Abigail, una mujer de treinta y cinco años, madre de gemelos de nueve años, que trabaja en la oficina de los Tampa Bay Rays. El equipo acaba de conseguir un puesto en el partido de comodines de esta noche y Abby está esperando a ver si su jefe le consigue una entrada extra para poder llevar a sus gemelos al partido (dejando a su marido en casa con el perro para ver el primer partido de los *play-offs* por televisión). Tú, la célula nerviosa del tronco encefálico de Abigail, estás recibiendo muchas señales de los demás nervios que te rodean de que podría haber una gran demanda de serotonina en las próximas horas. Para satisfacer esa demanda, vas a tener que producir una gran cantidad de la proteína (enzima) triptófano hidroxilasa, o TPH. La buena noticia es que tú (junto con todas las células del cuerpo que habitas) tienes las instrucciones codificadas para fabricar la TPH. Por supuesto, está escrito en un gen en algún lugar entre los tres mil millones de pares de bases repartidos en veintitrés pares de cromosomas. La mala noticia es que el código está profundamente enterrado dentro de una cadena aparentemente interminable de ADN que está muy apretada, liada literalmente con millones de proteínas. Esto significa que vas a tener que recordar dónde se encuentra ese gen y, a continuación, encontrar la manera de desenrollar el código para llegar a las instrucciones para fabricar TPH. Pero lo que es peor, secciones enteras del código se han empapado de pegamento, lo que hace prácticamente imposible desenrollarlo. Por si fuera poco, existe la posibilidad de que otras secciones del código, de aspecto similar a partes clave del gen TPH, se opongan a la producción de la enzima. Es posible que se produzcan al mismo tiempo que copias el gen que buscas y algunas de ellas ya están flotando en tu interior, buscando impedir que se produzca esa TPH... es decir, si alguna vez descubres cómo copiar el código.

Por si los dos ejercicios mentales anteriores no te lo hubieran dejado claro, este capítulo trata de cómo saben las células qué genes transcribir (y cuáles ignorar), qué proteínas fabricar y cómo asegurarse de que se fabrica la cantidad adecuada de cada proteína. Al fin y al cabo, una célula nerviosa del núcleo dorsal del rafe tiene el mismo ADN con el mismo complemento de genes que hay en un hepatocito del hígado, en un condrocito de la rodilla o en un cardiomiocito del corazón. Si cada célula produjera la proteína de cada gen y la producción de estas proteínas fuera constante en todas las células del cuerpo, no existiría la diferenciación de las células (de hecho, es muy poco probable que una célula así pudiera siquiera sobrevivir). También sería mucho más limitada la capacidad del organismo para alterar su función en respuesta al entorno que le rodea.

De lo que estamos hablando es de epigenética y, en particular, de los mecanismos epigenéticos de la metilación del ADN, la modificación de las histonas y los ARN no codificantes que controlan si los genes del ADN se transcriben en ARN mensajero, se transfieren fuera del núcleo a los ribosomas y se traducen en proteínas. Más adelante en este capítulo, también trataremos el tema de lo que ahora se denomina inflamación, el papel de la inflamación en el ritmo al que envejece nuestro cuerpo en relación con el flujo real del tiempo. Creo que es justo decir que la mayoría de las personas estarían encantadas de encontrar una forma de que sus cuerpos envejecieran sólo un mes por cada año que están realmente vivas. Aunque se trata de un objetivo muy ambicioso y, probablemente, no sostenible durante décadas, al final de este capítulo analizaremos varias técnicas clave para ralentizar el ritmo del envejecimiento, de modo que nosotros y nuestros descendientes podamos vivir más tiempo y con mejor salud.

CONTROL DEL ADN Y DE LA EXPRESIÓN GÉNICA

Vamos al grano, nuestra historia comienza con uno de esos personajes de la historia de la ciencia cuyas teorías fueron creídas por muchos durante décadas y luego, en lo que pareció un instante, abandonadas y ridiculizadas, sólo para que su legado científico experimentara un notable resurgimiento siglos después. En este caso, el hombre es Jean-Baptiste Lamarck (en realidad Jean-Baptiste Pierre Antoine de Monet, caballero de Lamarck), y el resurgimiento de la herencia lamarckiana, al menos de ciertos aspectos de la misma, se ha producido en las dos últimas décadas.

Para ser exactos, Lamarck fue un zoólogo del siglo XVIII que propuso una teoría de la herencia según la cual las criaturas son moldeadas por las exigencias de su entorno. Esto es relativamente incontrovertible cuando se habla de un animal individual, pero Lamarck dio un paso más al plantear la hipótesis de que los cambios inducidos por estas presiones ambientales se transmitían luego por herencia a la descendencia de la criatura. El ejemplo clásico utilizado por Lamarck fue el del cuello de la jirafa, que según él se alargaba a medida que cada generación sucesiva se estiraba para alcanzar hojas cada vez más altas.

Puede que los estudiantes de la evolución darwiniana se estén encogiendo de hombros y con razón; sin embargo, muchos olvidan que Charles Darwin tenía en muy alta estima las ideas de Lamarck. Sin embargo, como resultado de Darwin y Gregor Mendel (el monje alemán que fue el padre de la herencia genética) y de todos los descubrimientos en torno al ADN que nos enseñan en el instituto, la mayoría de la gente ha llegado a la conclusión de que los atributos físicos, como la longitud del cuello de las jirafas, están determinados únicamente por los genes. Pero ¿qué queremos decir con esto? ¿Son los genes que determinan la composición de los huesos del cuello de las jirafas diferentes de los genes de los huesos del cuello de, por ejemplo, el okapi (el único otro miembro de la familia de mamíferos *Giraffidae*), que no tienen cuellos tan profundamente largos? La respuesta corta (sin juego de palabras) es no. Sin embargo, no es exagerado (¡lo siento!) decir que el factor determinante de la longitud del cuello no está (únicamente) en los propios genes, sino en cómo se expresan, lo que, de manera relevante, significa las cantidades de proteínas que se fabrican a partir de varios genes.

La evolución, que desplazó a la teoría de Lamarck, funciona de la siguiente manera: En un entorno en el que la comida crece en ramas altas, los animales que tienen la suerte de tener el cuello más largo tienen una ventaja de supervivencia, por lo que comen mucho y tienen crías. Las jirafas de cuello corto tienen desventajas para conseguir comida y no procrean con tanto éxito o, simplemente, mueren. Así pues, las jirafas de cuello largo sobreviven, muchas se reproducen con otras jirafas de cuello largo y, *voilà,* sus hijos heredan los genes del cuello largo. En cierto sentido, la evolución es una carrera armamentística genética (o, en este caso, una carrera de cuellos). Los cuellos más largos siguen reproduciéndose hasta que sus cuellos son tan largos que empiezan a aparecer desventajas para la supervivencia (como mantener la presión para que la sangre suba por un cuello largo hasta el cerebro). Francamente, eso habría dejado los cuellos de las jirafas mucho más cortos si la evolución no hubiera resuelto también ese problema (las jirafas tienen válvulas especiales en las arterias carótidas que ayudan a aumentar la presión para que la sangre pueda llegar al cerebro).

¿Pero qué hay de los okapis? Sobrevivieron en los mismos entornos en los que evolucionaron las jirafas.

En este punto debes recordar la explicación de la genética que di en el capítulo 1. Como te prometí, voy a dar un repaso rápido, pero si no puedes seguirme, vuelve al capítulo 1 durante una o dos páginas para refrescar tus recuerdos.

El ADN son dos cadenas de ácidos nucleicos unidas verticalmente por una espina dorsal de ribosa (un azúcar) y, lateralmente, como los peldaños de una escalera retorcida, mediante el emparejamiento de bases nucleotídicas coincidentes (la adenina se empareja con la guanina y la citosina con la timina). En los seres humanos (y en toda la vida eucariota), el ADN está contenido en el núcleo de la célula, donde se enrolla alrededor de unas proteínas llamadas histonas, y esta estructura enrollada se superenrolla aún más en paquetes apretados llamados cromatina (sí, eso viene de la palabra cromosoma) para que quepan miles de millones de pares de bases dentro del diminuto núcleo. Los genes son tramos de ADN, a veces divididos en segmentos distintos dentro del ADN, que se copian (transcriben) en ARN mensajero (ARNm), que lleva el mensaje de cómo debe construirse una proteína específica. El ARNm sale del núcleo y viaja hasta una máquina de fabricación de proteínas llamada ribosoma. A continuación, la cadena de ARNm se escribe (traduce) en una proteína.

Los tramos de ADN situados ligeramente por encima de los propios genes (o partes de los genes) se denominan secuencias promotoras. Estas secuencias promueven la unión de otras proteínas al ADN para iniciar los procesos de desenrollado y copia. Para ser más específicos, el ADN altamente enrollado y fuertemente comprimido debe desembalarse o desenrollarse de las histonas para que pueda «descomprimirse» y copiarse en ARN, después de lo cual puede volver a comprimirse y enrollarse de nuevo. Descifrar los elaborados pasos necesarios para coordinar este proceso de transcripción durante los últimos ochenta años ha revelado formas milagrosas en las que se regula la expresión de las proteínas. Lo que hace que estos mecanismos de control sean tan extraordinarios es que pueden ser modulados por el entorno y las experiencias vitales de cada animal y, como veremos más adelante, pueden ser heredados por la siguiente generación, ¡tal y como Lamarck sugirió que podría ocurrir!

EPIGENÉTICA

Entonces, vamos a sumergirnos en la epigenética, que Google (en el momento de escribir esto) define así:

> Es el estudio de cómo tus comportamientos y tu entorno pueden provocar cambios que afectan a la forma en que funcionan tus genes. A diferencia de los cambios genéticos, los cambios epigenéticos son reversibles y no cambian tu secuencia de ADN, pero pueden cambiar la forma en que tu cuerpo lee una secuencia de ADN.

Para ser sinceros, algunos cambios epigenéticos pueden no ser reversibles, al menos durante tu vida, pero algunos pueden realmente provocar mutaciones en tu ADN. En cuanto a la frase sobre cambiar «cómo lee tu cuerpo una secuencia de ADN», una forma mejor de decirlo podría ser cambiar «cuándo y cómo se puede acceder a una secuencia de ADN». Para ser más concretos, ciertos genes sólo son necesarios durante el crecimiento en el útero, o sólo hasta la pubertad, o sólo durante o en el período posterior al embarazo y otros son fundamentales para la viabilidad a cualquier edad. Activar o desactivar genes, temporal o permanentemente, es una función muy importante de la epigenética.[1] La modificación epigenética de la expresión de las proteínas hace que toda la vida sea mucho más flexible, robusta y capaz de sobrevivir a los desafíos.

Como sugiere el ejemplo de la neurona del núcleo dorsal del rafe de la madre de dos gemelos aficionados a los Tampa Bay Rays, hay dos formas principales de controlar epigenéticamente la expresión de las proteínas. La primera es impedir que el gen se copie en ARNm. La

---

1. Sarah C. P. Williams, «Epigenetics», *Proceedings of the National Academy of Sciences*, vol. 110, n.º 9 (2013): 3209-3209. https://doi.org/10.1073/pnas.1302488110

segunda es impedir que el ARNm copiado se utilice como la plantilla para fabricar proteínas.[2] Los tres mecanismos que se describen a continuación tienen la capacidad de hacer lo primero. El ARN no codificante, que es el tercero de los descritos, es el principal responsable de lo segundo.

METILACIÓN DEL ADN

El primer mecanismo de control epigenético sobre la transcripción genética es la metilación del ADN, que tiene raíces anteriores al descubrimiento del ADN.[3] En 1925, Johnson y Coghill descubrieron una forma químicamente alterada de la base nucleotídica, la citosina, que tenía la capacidad de mantener el ADN en su estructura enrollada y resistirse a desenrollarse para la transcripción. Recordemos que la copia de un gen en ARN requiere que los factores de transcripción tengan acceso a la secuencia de ADN. Cambiar la rigidez del enrollamiento puede enterrar lo que era una secuencia promotora expuesta o el propio gen en lo más profundo de la estructura enrollada.

Para entender cómo funciona la metilación del ADN, recuerda cómo se almacena el ADN. Unas proteínas llamadas histonas sirven como carretes alrededor de los cuales se envuelve el ADN y estas histonas se asocian para formar una unidad llamada nucleosoma. Una sola unidad se asocia normalmente a una secuencia de aproximadamente 147 pares de bases de ADN. Las series de estas unidades están unidas entre sí por un tipo diferente de histona.[4] Esta organización ofrece

2. Mikhail Spivakov, Amanda G. Fisher, «Epigenetic Signatures of Stem-Cell Identity», *Nature Reviews Genetics,* vol. 8, n.º 4 (2007): 263-271. https://doi.org/10.1038/nrg2046; C. David Allis, Thomas Jenuwein, «The Molecular Hallmarks of Epigenetic Control», *Nature Reviews Genetics,* vol. 17, n.º 8 (2016): 487-500. doi: 10.1038/nrg.2016.59. Epub 2016 Jun 27. PMID: 27346641.

3. Alexandra L. Mattei, Nina Bailly, Alexander Meissner, «DNA Methylation: A Historical Perspective», *Trends in Genetics,* vol. 38, n.º 7 (2022): 676-707. https://doi.org/10.1016/j.tig.2022.03.010

4. Grigoriy A. Armeev, *et al.*, «Histone Dynamics Mediate DNA Unwrapping and Sliding in Nucleosomes», *Nature Communications,* vol. 12, n.º 1 (2021): 2387. https://doi.org/10.1038/s41467-021-22636-9; Sari Pennings, Geert Meersse-

protección al ADN contra los daños y sirve de sustrato a múltiples mecanismos que regulan el acceso a los genes. La metilación del ADN altera la estructura fundamental del nucleosoma, desplazando el número de pares de bases que envuelven una unidad, lo que desplaza la ubicación de las regiones de unión a promotores, de modo que ya no son accesibles. La modificación química del ADN también cambia su carga eléctrica de forma que cambia la facilidad con que la histona lo libera para la transcripción.

La metilación del ADN se ve facilitada por una clase natural de enzimas llamadas ADN metiltransferasas, o DNMT. Estas proteínas suelen denominarse «escritores» que dejan marcas en el ADN. Del mismo modo, otras proteínas leen las marcas y se adhieren al lugar, amplificando así los efectos, incluido el bloqueo del acceso al ADN envuelto alrededor de las histonas.[5] (Recuerda la referencia al pegamento que se vierte sobre el ADN envuelto en la historia de la neurona al principio del capítulo). Los escritores de DNMT suelen metilar las citosinas que son adyacentes a la guanina a lo largo del mismo lado de la secuencia de ADN, en lo que generalmente se denomina un dinucleótido CpG (CpG significa citosina-fosfato-guanina).

Además de envolver más estrechamente el ADN alrededor de las histonas, los CpG metilados sirven de lugar donde unas proteínas especiales se asocian al ADN para protegerlo físicamente de otras proteínas programadas para copiar el gen.

Pensando estadísticamente, en un genoma de 3.000 millones de pares de bases, el azar dictaría que 1 de cada 4 bases es una citosina (y en realidad es el 24 % en los humanos). Del mismo modo, 1 de cada 4 de esas citosinas iría seguida de una guanina (con un fosfato entre ellas),

man, E. Morton Bradbury, «Linker Histones H1 and H5 Prevent the Mobility of Positioned Nucleosomes», *Proceedings of the National Academy of Sciences,* vol. 91, n.º 22 (1994): 10275-10279. doi: 10.1073/pnas.91.22.10275 PMID: 7937940

5. Carmen Brenner, François Fuks, «A Methylation Rendezvous: Reader Meets Writers», *Developmental Cell,* vol. 12, n.º 6 (2007): 843-844. doi: 10.1016/j.devcel.2007.05.011; Heng Zhu, Guohua Wang, Jiang Qian, «Transcription Factors as Readers and Effectors of DNA Methylation», *Nature Reviews Genetics,* vol. 17, n.º 9 (2016): 551-565. doi: 10.1038/nrg.2016.83. PMID: 27479905; PMCID: PMC5559737.

lo que significa que las CpG (de nuevo, esto no es a través de la escalera como un único peldaño, sino a lo largo de un lado de la escalera) deberían producirse aleatoriamente en aproximadamente 1 de cada 16 dinucleótidos. En un ADN que contiene 3.000 millones de pares de bases, eso significa que tiene que haber al menos 360 millones de CpG. ¿Cómo sabe la célula qué citosinas debe metilar?

En primer lugar, resulta que los CpG son relativamente raros en el genoma eucariota, especialmente entre los animales superiores. Los humanos, por ejemplo, sólo tienen unos 28 millones de CpG, lo que significa que los CpG aparecen menos del 10 % de las veces que cabría esperar. (Curiosamente, en las bacterias, la frecuencia de CpG se aproxima más al nivel esperado por ocurrencia aleatoria). El hecho es que las citosinas son relativamente fáciles de metilar y se desaminan fácilmente en timina en condiciones fisiológicas. Esto puede dar lugar a una mutación puntual en el ADN que altere permanentemente la secuencia genética, lo que supondría un grave problema para la integridad genética. Por ello, la selección natural se ha encargado de eliminar sistemáticamente los CpG del genoma para minimizar este riesgo. Este fenómeno se denomina supresión de CpG, pero no se trata de una supresión en el sentido activo de que se haya limpiado el ADN de CpG a propósito. Es sólo el resultado de millones de generaciones de criaturas que sobreviven mejor con menos riesgo de mutación.[6]

De hecho, el porcentaje de dinucleótidos CpG en las porciones del ADN eucariota que contienen genes es incluso inferior al aproximadamente 10 % citado anteriormente. Esto se debe a que la única excepción a esta regla de frecuencia reducida de CpG existe en zonas denominadas Islas CpG. Las islas CpG se definen como tramos de al menos

6. Adrian P. Bird, «Methyl-CpG Islands as Gene Markers in the Vertebrate Nucleus», *Trends in Genetics,* vol. 3 (1987): 342-347. https://doi.org/10.1016/0168-9525(87)90294-0; Joseph L. McClay, *et al.*, «A Methylome-Wide Study of Aging Using Massively Parallel Sequencing of the Methyl-CpG-Enriched Genomic Fraction from Blood in Over 700 Subjects», *Human Molecular Genetics,* vol. 23, n.º 5 (2014): 1175-1185. doi: 10.1093/hmg/ddt511. Epub 2013 Oct 16. PMID: 24135035; PMCID: PMC3919012; Daniel F. Schorderet, Stanley M. Gartler, «Analysis of CpG Suppression in Methylated and Nonmethylated Species», *Proceedings of the National Academy of Sciences,* vol. 89, n.º 3 (1992): 957-961.

200 pares de bases, en los que al menos el 50 % de los dinucleótidos son CpG, lo que supone cincuenta veces la frecuencia media en el genoma. Estas islas se producen muy cerca de las secuencias promotoras y, de hecho, alrededor del 60 % de los promotores tienen islas CpG asociadas. La metilación de muchas de las citosinas de las islas CpG provoca un cambio en la inclinación helicoidal del ADN, un endurecimiento significativo del enrollamiento del ADN alrededor de las histonas. El resultado práctico es que los genes metilados suelen quedar protegidos del acceso.[7]

Esa regla no es absoluta, porque alrededor del 5 % de las islas CpG están asociadas a secuencias potenciadoras, que se utilizan para mantener el ADN desenrollado y expuesto para facilitar la transcripción. En esta situación, la metilación del ADN es como el cerrojo que puede extenderse cuando la puerta está abierta, para impedir que se cierre. Eso es lo que ocurre cuando se metilan las islas CpG en las proximidades de las secuencias potenciadoras. Estas islas suelen ser más cortas (por ejemplo, de 50 a 150 pares de bases de longitud, en comparación con las islas de secuencias promotoras, y se denominan islas CpG huérfanas).[8] Se trata de una ruptura de la regla general, pero sin duda una excepción importante.

---

7. Aimée M. Deaton, Adrian Bird, «CpG Islands and the Regulation of Transcription», *Genes & Development,* vol. 25, n.º 10 (2011): 1010-1022. doi: 10.1101/gad.2037511. PMID: 21576262; PMCID: PMC3093116; Robert S. Illingworth, Adrian P. Bird, «CpG islands–'A Rough Guide,'», *FEBS Letters,* vol. 583, n.º 11 (2009): 1713-1720. https://doi.org/10.1016/j.febslet.2009.04.012; Francisco Antequera, «Structure, Function, and Evolution of CpG Island Promoters», *Cellular and Molecular Life Sciences,* vol. 60 (2003): 1647-1658. http://doi.org/10.1007/s00018-003-3088-6; Sari Pennings, James Allan, Colin S. Davey, «DNA Methylation, Nucleosome Formation, and Positioning», *Briefings in Functional Genomics,* vol. 3, n.º 4 (2005): 351-361.

8. Pier-Luc Clermont, Abhijit Parolia, Hui Hsuan Liu, Cheryl D. Helgason, «DNA Methylation at Enhancer Regions: Novel Avenues for Epigenetic Biomarker Development», *Frontiers in Bioscience-Landmark,* vol. 21, n.º 2 (2016): 430-446. doi: 10.2741/4399. PMID: 26709784; Robert S. Illingworth, *et al.,* «Orphan CpG Islands Identify Numerous Conserved Promoters in the Mammalian Genome», *Plos Genetics,* vol. 6, n.º 9 (2010): E1001134. doi: 10.1371/journal.pgen.1001134. PMID: 20885785; PMCID: PMC2944787.

Durante mucho tiempo, se consideró que la metilación era irreversible, pero ahora se sabe que, además de escritores y lectores, también existen «borradores» (un grupo de varias versiones se denominan colectivamente translocalizadores diez-once, o TET por sus siglas en inglés) que pueden eliminar la marca de metilación. Curiosamente, la actividad de los borradores está altamente regulada y se observa durante las etapas de desarrollo, cuando las células que antes estaban totalmente diferenciadas necesitan experimentar nuevos cambios. Ejemplos de ello se dan durante la pubertad, durante el embarazo (por ejemplo, la creación de tejido lactante en las mamas) y en el envejecimiento. Entre las condiciones patológicas en las que se produce la desmetilación están la migraña, la cronificación del dolor[9] y el cáncer.[10]

La existencia de escritores, como las DNMT, y borradores, como las TET, es la prueba de que la metilación del ADN es un proceso dinámico que ocurre en el ADN, que antes se consideraba relativamente estático.

Mientras que los genes pueden ser fijos, los mecanismos epigenéticos, como la metilación del ADN, sirven para que el entorno y las experiencias y actividades reales de un organismo afecten a sus genes, o al menos a los niveles de expresión de esos genes. ¡Convergencia entre Lamarck y Darwin!

---

9. La cronificación del dolor es el paso neurológico de experimentar dolor como una respuesta aguda a una lesión o, incluso, como una sensación persistente unida al proceso de curación, a un estado permanente de dolor asociado a un cambio en la interpretación de los impulsos nerviosos de una región afectada del cuerpo. *(N. del A.).*

10. Hideyuki Takeshima, *et al.*, «TET Repression and Increased DNMT Activity Synergistically Induce Aberrant DNA Methylation», *The Journal of Clinical Investigation,* vol. 130, n.º 10 (2020): 5370-5379. doi: 10.1172/JCI124070. PMID: 32663196; PMCID: PMC7524486; Else Eising, Nicole A. Datson, Arn M. J. M. Van Den Maagdenberg, Michel D. Ferrari, «Epigenetic Mechanisms in Migraine: A Promising Avenue?», *BMC Medicine,* vol. 11 (2013): 1-6. https://doi.org/10.1186/1741-7015-11-26; Laura S. Stone, Moshe Szyf, «The Emerging Field of Pain Epigenetics», *Pain,* vol. 154, n.º 1 (2013): 1-2. https://doi.org/10.1016/j.pain.2012.10.016; Marta Kulis, Manel Esteller, «DNA Methylation and Cancer», Advances in Genetics 70 (2010): 27-56. doi: 10.1016/B978-0-12-380866-0.60002-2. PMID: 20920744.

Algunos de los acontecimientos y circunstancias vitales que se han estudiado en relación con la metilación del ADN son la escasez de alimentos (inanición), el abuso mental y físico, la guerra y la sobrealimentación (obesidad). Cada una de estas situaciones está asociada con el estrés, la producción de especies reactivas del oxígeno y la inflamación, a las que se ha culpado colectivamente del proceso de envejecimiento. Así pues, la metilación del ADN también se ha estudiado ampliamente en el envejecimiento, hasta el punto de que los cambios en los estados de metilación en cientos de miles de sitios del genoma humano pueden utilizarse ahora para predecir la edad fisiológica e incluso el ritmo de envejecimiento. Como se verá más adelante en este capítulo, la metilación del ADN y otros factores epigenéticos explican algunas de las características de la Teoría Mitocondrial del Envejecimiento,[11] que sostiene que el daño progresivo a las mitocondrias y el aumento de la fuga de ROS (especies reactivas de oxígeno), descomponen los órganos y conducen a un aumento de la inflamación que degrada nuestros cuerpos hasta que nos volvemos menos resistentes e incapaces de recuperarnos y, en última instancia, morimos.

Más concretamente, el envejecimiento y el daño al metiloma (término utilizado para describir la totalidad del estado de metilación del ADN) están asociados a una combinación de metilación, desmetilación y daño colectivo de las ROS. Por ejemplo, se ha observado desme-

---

11. Bruce S. Hass, *et al.*, «Effects of Caloric Restriction in Animals on Cellular Function, Oncogene Expression, and DNA Methylation In Vitro», *Mutation Research/Dnaging,* vol. 295, n.º 4-6 (1993): 281-289. doi: 10.1016/0921-8734(93)90026-y. PMID: 7507563; Meeshanthini Vijayendran, *et al.*, «Effects of Genotype and Child Abuse on DNA Methylation and Gene Expression at the Serotonin Transporter», *Frontiers in Psychiatry,* vol. 3 (2012): 55. https://doi.org/10.3389/fpsyt.2012.00055; Mirian Samblas, Fermín I. Milagro, Alfredo Martínez, «DNA Methylation Markers in Obesity, Metabolic Syndrome, and Weight Loss», *Epigenetics,* vol. 14, n.º 5 (2019): 421-444. doi: 10.1080/15592294.2019.1595297. Epub 2019 Mar 27. PMID: 30915894; PMCID: PMC6557553; Adam E. Field, *et al.*, «DNA Methylation Clocks in Aging: Categories, Causes, And Consequences», *Molecular Cell,* vol. 71, n.º 6 (2018): 882-895. doi: 10.1016/j.molcel.2018.08.008. PMID: 30241605; PMCID: PMC6520108; Axel Kowald, «The Mitochondrial Theory of Aging», *Neurosignals,* vol. 10, n.º 3-4 (2001): 162-175. https://doi.org/10.1159/000046885

tilación en las vías que perciben el estrés y/o el dolor, ya que las neuronas que perciben y procesan el dolor funcionan de forma diferente tras un dolor intenso o crónico, lo que conduce al desarrollo de dolor neuropático. Esto significa que el bloqueo de la desmetilación y/o la potenciación de la actividad de metilación, dependiendo del gen afectado, puede reducir realmente el dolor cronificado.[12]

Las células eucariotas pueden clasificarse por el nivel al que están diferenciadas. Por ejemplo, las células adiposas y los hepatocitos están totalmente diferenciados, mientras que las células progenitoras son las células madre que producen nuevas células más diferenciadas, según sea necesario. Si volvemos a subir a la cima de la cadena alimentaria de las células, llegamos a las células de la línea germinal (es decir, los espermatozoides y los óvulos). Las células somáticas son las células diferenciadas y la finalidad de la metilación del ADN en estas células es relativamente obvia. La expresión de proteínas en dichas células se limita a fines específicos, pero como las exigencias del entorno pueden fluctuar, los niveles de este número limitado de proteínas varían en función de las circunstancias.

En las células de la línea germinal, el ADN tiene que empezar con muy pocas marcas de metilación, pero debe reconstruir lentamente las marcas necesarias a medida que avanza el desarrollo. Resulta que a los espermatozoides se les suelen eliminar las marcas de metilación con más eficacia que a los óvulos, lo que significa que la contribución genética del padre está más disponible, pero en cambio la de la madre sirve de plantilla para sustituir las marcas de metilación del ADN a medida que el individuo se desarrolla. Esto resulta ser muy importante, también, para el paso de marcas epigenéticas que son el resultado de pre-

12. Wei Jiang, *et al.*, «DNA Methylation: A Target in Neuropathic Pain», *Frontiers in Medicine,* vol. 9 (2022): 879902. https://doi.org/10.3389/fmed.2022.879902; Lingli Liang, Brianna Marie Lutz, Alex Bekker, Yuan-Xiang Tao, «Epigenetic Regulation of Chronic Pain», *Epigenomics,* vol. 7, n.º 2 (2015): 235-245. doi: 10.2217/epi.14.75. PMID: 25942533; PMCID: PMC4422180; Judit Garriga, *et al.*, «Nerve Injury-Induced Chronic Pain Is Associated with Persistent DNA Methylation Reprogramming in Dorsal Root Ganglion», *Journal of Neuroscience,* vol. 38, n.º 27 (2018): 6090-610. doi: 10.1523/JNEUROSCI.2616-17.2018. Epub 2018 Jun 6. PMID: 29875269; PMCID: PMC6031579.

siones ambientales. Se ha planteado la hipótesis y hay datos sólidos de animales que apoyan la conclusión de que las experiencias vitales de padres, abuelos e incluso bisabuelos (al menos las experiencias que ocurrieron antes de tener hijos) pueden imprimirse mediante la epigenética. Sin embargo, hasta la fecha, las pruebas de la herencia epigenética a través de la metilación del ADN siguen siendo controvertidas.

En un primer caso, Heijmans y sus colegas estudiaron los genomas de individuos y su descendencia que habían sobrevivido al Invierno del Hambre holandés de 1944 a 1945. En su artículo, publicado en *Nature Communications*, titulado «Las firmas de metilación del ADN vinculan la exposición prenatal a la hambruna con el crecimiento y el metabolismo», los autores informaron de que la descendencia que había estado expuesta a una dieta materna de nivel de inanición en la gestación temprana presentaba alteraciones estadísticamente significativas en la metilación de su ADN de múltiples genes asociados con el desarrollo y el metabolismo. Estas crías experimentaron (paradójicamente) un mayor peso al nacer que los bebés nacidos antes de ese período o después, en los mismos hospitales. Además, evidenciaron una mayor predisposición a varios aspectos del síndrome metabólico, como un mayor IMC (índice de masa corporal), desregulación lipídica y alteración del metabolismo de la glucosa.[13]

Del mismo modo, Yehuda y sus colegas analizaron una pequeña cohorte de supervivientes del Holocausto y su descendencia, examinando la metilación de un gen (FKBP5) asociado a los síntomas del trastorno de estrés postraumático.[14] En sus conclusiones, los supervivientes mostraban una tasa de metilación del gen un 10 % superior, mientras que su descendencia presentaba una reducción de casi el 8 % en su metilación y eran más propensos a la depresión, la ansiedad y los síntomas del trastorno de estrés postraumático que los controles emparejados.

---

13. Elmar W. Tobi, *et al.*, «DNA Methylation Signatures Link Prenatal Famine Exposure to Growth and Metabolism», *Nature Communications,* vol. 5, n.º 1 (2014): 5592. https://doi.org/10.1038/ncomms659

14. Rachel Yehuda, *et al.*, «Holocaust Exposure Induced Intergenerational Effects on FKBP5 Methylation», *Biological Psychiatry,* vol. 80, n.º 5 (2016): 372-380. doi: 10.1016/j.biopsych.2015.08.005. Epub 2015 Aug 12. PMID: 26410355.

MODIFICACIÓN DE LA HISTONA

Como ya se ha dicho, varias histonas forman la unidad estructural alrededor de la cual se enrolla el ADN. De hecho, hay ocho histonas, concretamente dos de cada una de las siguientes histonas: H2A, H2B, H3 y H4, que forman esa unidad. La sujeción que estas proteínas tienen sobre el ADN enrollado a su alrededor no es excesiva, por lo que la energía necesaria para exponer el ADN es baja. La modificación de incluso un solo aminoácido de una histona puede alterar su afinidad de unión al ADN, modificando la firmeza de la unión y alterando la topología y la accesibilidad a las secuencias promotoras.[15]

Las histonas pueden modificarse mediante varios cambios químicos, como la acetilación, metilación, desaminación, fosforilación y ubiquitinación, de sus aminoácidos.[16] Generalmente, implican una alteración de un grupo lateral de uno o más péptidos situados al final de la secuencia peptídica que se ha enrollado apretadamente formando una bola, llamada «cola». Estas alteraciones se denominan modificaciones postraduccionales (o PTM), y al igual que la metilación del ADN, que está mediada por las DNMT, estas reacciones están catalizadas por enzimas modificadoras de las histonas. La lista completa de posibles modificaciones postraduccionales de las histonas está fuera del alcance de este libro, pero nos centraremos en dos ejemplos comunes, que son la acetilación y la metilación, y que están mediadas por las histonas acetiltransferasas (HAT) y las histonas metiltransferasas (HMT), respectivamente.

15. Roy S. Wu, Henryk T. Panusz, Christopher L. Hatch, William M. Bonner, «Histones and Their Modification», *Critical Reviews in Biochemistry,* vol. 20, n.º 2 (1986): 201-263. https://doi.org/10.3109/10409238609083735; Artemi Bendandi, Alessandro S. Patelli, Alberto Diaspro, and Walter Rocchia, «The Role of Histone Tails in Nucleosome Stability: An Electrostatic Perspective», *Computational and Structural Biotechnology Journal,* vol. 18 (2020): 2799-2809. https://doi.org/10.1016/j.csbj.2020.09.034

16. Hiroshi Kimura, «Histone Modifications for Human Epigenome Analysis», *Journal of Human Genetics,* vol. 58, n.º 7 (2013): 439-445. https://doi.org/10.1038/jhg.2013.66

En el caso de la acetilación, un HAT suele unir un grupo acetilo a una lisina (un aminoácido con una cadena lateral polar cargada). Casi universalmente, la adición del grupo acetilo reduce las fuerzas electrostáticas que unen el ADN a la histona, por lo que se asocia con aflojar el agarre del ADN a la histona, facilitando el desenrollamiento para transcribir el gen. Las proteínas desacetilasas de histonas invierten el proceso, a menudo una vez finalizada la transcripción y llegado el momento de almacenar de nuevo el ADN. Por razones obvias, se trata de funciones extremadamente importantes y se han identificado más de 30 proteínas HAT distintas. La desregulación de la acetilación de las histonas se ha relacionado con el cáncer y otras enfermedades graves.[17]

La histona 3 tiene lisinas situadas en las posiciones 4.ª, 9.ª y 27.ª de su cola (abreviadas H3K4, H3K9 y H3K27, donde K es el código de una sola letra para la lisina). Estos aminoácidos se asocian sistemáticamente con la regulación al alza y a la baja de la expresión génica. A diferencia de la acetilación, que suele promover la transcripción, estas mismas localizaciones de histonas pueden metilarse. De hecho, la metilación puede implicar un solo grupo metilo (monometilado, o me1), dos grupos (dimetilado, o me2) o tres (trimetilado, o me3).[18]

Otra variable que afecta a la expresión de las proteínas es la localización del gen dentro de la estructura cromosómica. La ubicación de los

17. Alison L. Clayton, Catherine A. Hazzalin, Louis C. Mahadevan, «Enhanced Histone Acetylation and Transcription: A Dynamic Perspective», *Molecular Cell*, vol. 23, n.º 3 (2006): 289-296. https://doi.org/10.1016/j.molcel.2006.06.017; Palak Gujral, Vishakha Mahajan, Abbey C. Lissaman, Anna P. Ponnampalam, «Histone Acetylation and the Role of Histone Deacetylases in Normal Cyclic Endometrium», *Reproductive Bio and Endocrinology*, vol. 18 (2020): 1-11. doi: 10.1186/s12958-020-00637-5. PMID: 32791974; PMCID: PMC7425564; Santiago Ropero y Manel Esteller, «The Role of Histone Deacetylases (Hdacs) in Human Cancer», *Molecular Oncology*, vol. 1, n.º 1 (2007): 19-25. doi: 10.1016/j.molonc.2007.01.001. Epub 2007 Mar 7. PMID: 19383284; PMCID: PMC5543853.
18. Ashwini Jambhekar, Abhinav Dhall, Yang Shi, «Roles and Regulation of Histone Methylation in Animal Development», *Nature Reviews Molecular Cell Biology*, vol. 20, n.º 10 (2019): 625-641. doi: 10.1038/s41580-019-0192-5. PMID: 31267065; PMCID: PMC6774358; Robert J. Sims, Danny Reinberg, «Histone H3 Lys 4 Methylation: Caught in a Bind?», *Genes & Development*, vol. 20, n.º 20 (2006): 2779-2786. doi: 10.1101/gad.1468206. PMID: 17043307.

genes con respecto al centro o a los extremos de la estructura cromosómica influye en su expresión. De hecho, los genes situados en estas dos ubicaciones suelen estar silenciados tras el desarrollo. Este silenciamiento estable suele estar asociado a la desacetilación y trimetilación de histonas (es decir, H3K9me3).[19]

Profundicemos en los distintos sitios de metilación y qué efectos tienen. Empezando por la más sencilla, la metilación H3K4 suele estar asociada a genes transcritos activamente.[20] (Esta promoción de la transcripción la permite un complejo de proteínas llamado COMPASS).[21] La regla general desarrollada por Sharifi-Zarchi y sus colegas es:

> En cada región genómica sólo una de estas tres marcas de metilación (metilación del ADN, H3K4me1, H3K4me3) es alta. Si es la metilación del ADN, la región está inactiva. Si es H3K4me1, la región es un potenciador, y si es H3K4me3, la región es un promotor.[22]

19. Emily L. Putiri, Keith D. Robertson, «Epigenetic Mechanisms and Genome Stability», *Clinical Epigenetics,* vol. 2 (2011): 299-314. doi: 10.1007/s13148-010-0017-z. PMID: 21927626; PMCID: PMC3172155; Thomas Schalch, *et al.*, «High-Affinity Binding of Chp1 Chromodomain to K9 Methylated Histone H3 Is Required to Establish Centromeric Heterochromatin», *Molecular Cell,* vol. 34, n.º 1 (2009): 36-46. doi: 10.1016/j.molcel.2009.02.024. PMID: 19362535; PMCID: PMC2705653; Benjamin D. Towbin, *et al.*, «Step-Wise Methylation of Histone H3K9 Positions Heterochromatin at the Nuclear Periphery», *Cell,* vol. 150, n.º 5 (2012): 934-947. doi: 10.1016/j.cell.2012.06.051.

20. Ali Shilatifard, «Molecular Implementation and Physiological Roles for Histone H3 Lysine 4 (H3K4) Methylation», *Current Opinion in Cell Biology,* vol. 20, n.º 3 (2008): 341-348. doi: 10.1016/j.ceb.2008.03.019.

21. Ali Shilatifard, «The COMPASS Family of Histone H3K4 Methylases: Mechanisms of Regulation in Development and Disease Pathogenesis», *Annual Review of Biochemistry,* vol. 81 (2012): 65-95. doi: 10.1146/annurev-biochem-051710-134100. PMID: 22663077; PMCID: PMC4010150.

22. Ali Sharifi-Zarchi, *et al.*, «DNA Methylation Regulates Discrimination of Enhancers from Promoters through a H3K4me1-H3K4me3 Seesaw Mechanism», *BMC Genomics,* vol. 18 (2017): 1-21. https://doi.org/10.1186/s12864-017-4353-7

A continuación, la metilación H3K9 tiene una actividad más complicada, que a menudo depende de factores que van desde el mecanismo y el número de la metilación, hasta el nivel de especies reactivas del oxígeno (ROS). Por ejemplo, la H3K9me3 está asociada a complejos de proteína 1 de la heterocromatina (HP1) que inhiben que el ADN se desenrolle para la transcripción.[23] Ahora bien, la H3K27 es un poco más complicada. En general, la H3K27me suele asociarse con el empaquetamiento ligeramente más flexible del ADN entre las porciones central y final del cromosoma. En esta región de la cromatina, la H3K-27me3 se asocia con un grupo de proteínas que trabajan juntas como complejo represor polycomb (concretamente PRC2). Esta asociación depende de que el metiloma del ADN funcione correctamente.

También interactúa con H3K9me3 para mantener a HP1 unida a la cromatina. Así pues, el H3K27me3 suele inhibir la expresión. Como explicaron Luciano Di Croce y sus colegas en 2020, «la PRC2 media la represión génica mediante la interacción directa con sus genes diana y la deposición de la marca represiva H3K27me3». Si hay mutaciones en el gen de la histona, el fallo en la metilación adecuada de H3K27 puede provocar un fallo en la represión de los genes, lo que puede dar lugar a cánceres infantiles al empezar a expresarse proteínas que ya no deberían hacerlo.[24]

23. Terrence J. Monks, Ruiyu Xie, Kulbhushan Tikoo, Serrine S. Lau, «Ros-Induced Histone Modifications and Their Role in Cell Survival and Cell Death», *Drug Metabolism Reviews,* vol. 38, n.º 4 (2006): 755-767. https://doi.org/10.1080/03602530600959649; Maria Ninova, Katalin Fejes Tóth, Alexei A. Aravin, «The Control of Gene Expression and Cell Identity by H3K9 Trimethylation», *Development,* vol. 146, n.º 19 (2019): Dev181180. doi: 10.1242/dev.181180. PMID: 31540910; PMCID: PMC6803365.

24. Kirsty Jamieson, *et al.*, «Loss of HP1 Causes Depletion of H3k27me3 from Facultative Heterochromatin and Gain of H3K27me2 at Constitutive Heterochromatin», *Genome Research,* vol. 26, n.º 1 (2016): 97-107. doi: 10.1101/gr.194555.115. Epub 2015 Nov 4. PMID: 26537359; PMCID: PMC4691754; Lianying Jiao, Xin Liu, «Structural Basis of Histone H3K27 Trimethylation by an Active Polycomb Repressive Complex 2», *Science,* vol. 350, n.º 6258 (2015): Aac4383. doi: 10.1126/science.aac4383. Epub 2015 Oct 15. PMID: 26472914; PMCID: PMC5220110; James P. Reddington, *et al.*, «Redistribution of H3K-27me3 Upon DNA Hypomethylation Results in De-Repression of Polycomb Target Genes», *Genome Biology,* vol. 14 (2013): 1-17. https://doi.org/10.1186/

A diferencia de la trimetilación en este sitio, la H3K27me1 (mono-metilación) se asocia a genes que se expresarán durante algún tiempo, pero que luego se desactivarán. La H3K27me1 se acumula dentro de los genes transcritos, especialmente en las células madre que aún no se han diferenciado, promoviendo la transcripción. Una vez que la célula termina de diferenciarse y requiere la represión del gen, la PCR2 promueve entonces una mayor metilación.[25] El H3K27me2 (dimetilación) puede servir como intermediario entre el H3K27me1 y el H3K-27me3, como un estado más flexible de accesibilidad, pero una vez que se alcanza el H3K27me3, el gen suele apagarse.

La modificación de histonas afecta a las enfermedades de maneras extremadamente complicadas; sin embargo, en un artículo de 2022 de Xiabin Chen y colegas, los autores describieron los efectos de la metilación de histonas en el desarrollo y progresión de la aterosclerosis. Según sus investigaciones:

La metilación de H3K9 y H3K27 estaba disminuida en las placas de aterosclerosis en las células musculares lisas (SMC), y la metilación de H3K4 mostró una asociación significativa con la gravedad de la aterosclerosis. Además, la trimetilación de la histona H3K27

gb-2013-14-3-r25; Joanna Boros, *et al.*, «Polycomb Repressive Complex 2 and H3K27me3 Cooperate with H3K9 Methylation to Maintain Heterochromatin Protein 1α at Chromatin», *Molecular and Cellular Biology,* vol. 34, n.º 19 (2014): 3662-3674; Kai Ge, «Epigenetic Regulation of Adipogenesis by Histone Methylation», *Biochimica et Biophysica Acta (BBA)-Gene Regulatory Mechanisms,* vol. 1819, n.º 7 (2012): 727-732. https://doi.org/10.1016/j.bbagrm.2011.12.008; Paul Chammas, Ivano Mocavini, Luciano Di Croce, «Engaging Chromatin: PRC2 Structure Meets Function», *British Journal of Cancer,* vol. 122, n.º 3 (2020): 315-328. https://doi.org/10.1038/s41416-019-0615-2; Neil Justin, *et al.*, «Structural Basis of Oncogenic Histone H3K27M Inhibition of Human Polycomb Repressive Complex 2», *Nature Communications,* vol. 7, n.º 1 (2016): 11316. https://doi.org/10.1038/ncomms11316

25. Karin J. Ferrari, *et al.*, «Polycomb-Dependent H3K27me1 and H3K27me2 Regulate Active Transcription and Enhancer Fidelity», *Molecular Cell,* vol. 53, n.º 1 (2014): 49-62. https://doi.org/10.1016/j.molcel.2013.10.030; Aster H. Juan, *et al.*, «Roles of H3K27me2 And H3KL27me3 Examined during Fate Specification of Embryonic Stem Cells», *Cell Reports,* vol. 17, n.º 5 (2016): 1369-1382. doi: 10.1016/j.celrep.2016.12.036. PMID: 27783950; PMCID: PMC5123747.

podría ser catalizada por PRC2 con EZH2, lo que se considera que aumenta las respuestas inflamatorias de los macrófagos. Un estudio reciente demostró que los ratones deficientes en EZH2 redujeron los niveles de H3K27me3 y disminuyeron la actividad de la H3K27 metiltransferasa y asimismo mostraron una reducción significativa del tamaño de las lesiones, lo que sugiere una mejora de la aterosclerosis.[26]

Estos hallazgos en la aterosclerosis, que sabemos por el capítulo 3 que es una afección inflamatoria, constituyen una transición natural a los efectos que la inflamación y el estrés oxidativo tienen sobre la modificación de las histonas. Pruebas recientes indican que la presencia de inflamación conduce a la acetilación de histonas y a la metilación promocional de histonas (H3K27me1), potenciando la expresión génica y conduciendo a la perpetuación de la expresión de citoquinas inflamatorias. Se ha observado este fenómeno especialmente en la microglía.[27]

Este efecto es similar al que se describió anteriormente como efecto del envejecimiento.[28] Desbloquear la expresión de genes que se han suprimido previamente, por ejemplo, porque ya no son necesarios (como podrían ser los asociados al desarrollo gestacional o a la primera infancia), puede ser bastante perturbador para la homeostasis en etapas posteriores de la vida. Un ejemplo importante que puede desempeñar un papel crítico en la enfermedad de Alzheimer es la desre-

26. Yingying Lin, *et al.*, «Role of Histone Post-Translational Modifications in Inflammatory Diseases», *Frontiers in Immunology*, vol. 13 (2022): 852272. https://doi.org/10.3389/fimmu.2022.852272
27. Irfan Rahman, Peter S. Gilmour, Luis Albert Jimenez, William Macnee, «Oxidative Stress and TNF-A Induce Histone Acetylation and NF-Xb/AP-1 Activation in Alveolar Epithelial Cells: Potential Mechanism in Gene Transcription in Lung Inflammation», *Oxygen/Nitrogen Radicals: Cell Injury and Disease* (2002): 239-248 PMID: 12162440; Maria G. Daskalaki, Christos Tsatsanis, Sotirios C. Kampranis, «Histone Methylation and Acetylation in Macrophages as a Mechanism for Regulation of Inflammatory Responses», *Journal of Cellular Physiology*, vol. 233, n.º 9 (2018): 6495-6507. https://doi.org/10.1002/jcp.26497
28. Amy Guillaumet-Adkins, *et al.*, «Epigenetics and Oxidative Stress in Aging», *Oxidative Medicine and Cellular Longevity* (2017). doi: 10.1155/2017/9175806. Epub 2017 Jul 20. PMID: 28808499; PMCID: PMC5541801.

gulación de la señalización «cómeme» y «no me comas» que puede producirse entre la microglía senescente.

Si observamos la relación entre el estrés oxidativo y la modificación de las histonas, ambos parecen ejercer un control bidireccional entre sí.[29] La bidireccionalidad se refiere tanto a que los efectos sean aumentar o disminuir la expresión proteica, como a que la modificación de las histonas esté causada por el nivel de especies reactivas del oxígeno o afecte a éste. En ambos casos, estas influencias bidireccionales pueden ser opuestas, impulsando quizá un equilibrio estable. Por ejemplo, el aumento de la expresión de un importante antioxidante mitocondrial llamado superóxido dismutasa (o SOD), que reduce las ROS, puede reducir la H3K9me3. Del mismo modo, la desmetilación de H3K-9me3 impide la activación de la producción de ROS desencadenada por la metaloproteinasa de matriz-9 (MMP-9), conocida por tener efectos pro-ROS en las mitocondrias.[30]

Aunque existe este control bidireccional de la metilación de las histonas con respecto a la generación de ROS, parece haber un aumento inexorable del estrés mitocondrial y la inflamación a medida que pasa el tiempo. Es probable que este deslizamiento hacia el estrés oxidativo y el daño inflamatorio sea un factor clave en el inicio y desarrollo de un espectro de afecciones a largo plazo que aparecen en el envejecimiento.[31]

29. Yingmei Niu, Thomas L. DesMarais, Zhaohui Tong, Yixin Yao, Max Costa, «Oxidative Stress Alters Global Histone Modification and DNA Methylation», *Free Radical Biology and Medicine,* vol. 82 (2015): 22-28. doi: 10.1016/j. freeradbiomed.2015.01.028. Epub 2015 Feb 3. PMID: 25656994; PMCID: PMC4464695.

30. Xin Yi, *et al.*, «Histone Methylation and Oxidative Stress in Cardiovascular Diseases», *Oxidative Medicine and Cellular Longevity* (2022); Yi, «Histone Methylation and Oxidative Stress». doi: 10.1155/2022/6023710. PMID: 35340204; PMCID: PMC8942669.

31. Thomas Kietzmann, *et al.*, «The Epigenetic Landscape Related to Reactive Oxygen Species Formation in the Cardiovascular System», *British Journal of Pharmacology,* vol. 174, n.º 12 (2017): 1533-1554. doi: 10.1111/bph.13792. Epub 2017 May 10. PMID: 28332701; PMCID: PMC5446579; Kurek, Katarzyna, Beata Plitta-Michalak, Ewelina Ratajczak, «Reactive Oxygen Species as Potential Drivers of the Seed Aging Process», *Plants,* vol. 8, n.º 6 (2019): 174. https://doi. org/10.3390/plants8060174

Sin embargo, hay algunos indicios tentadores de que la manipulación epigenética puede tener efectos positivos sobre la longevidad. La modificación epigenética puede ser una respuesta clave a algunos de los mayores retos sanitarios de la humanidad, entre ellos el envejecimiento.

Antes de cambiar de marcha hacia el tercer mecanismo principal de la epigenética, el microARN (y otros ARN pequeños denominados secuencias no codificantes), volvamos al tema de la herencia intergeneracional y transgeneracional. A diferencia de la metilación del ADN, la modificación de las histonas es un mecanismo establecido para la transmisión extragenética del control de la expresión proteica a través de las generaciones. Para que estas modificaciones se hereden, deben estar presentes dos mecanismos.[32]

El primero es un mecanismo que garantiza que las histonas se reincorporen al ADN filial (los productos de la replicación) en sus posiciones en el ADN progenitor o cerca de ellas. Profundizando en esto, descubrimos que, tras la replicación del ADN, los nucleosomas se dividen generalmente a partes iguales entre los dos cromosomas descendientes, y la ubicación de las histonas en relación con las secuencias específicas es bastante estable a lo largo de muchas divisiones celulares. Se ha sugerido la existencia de chaperonas histónicas que se asocian a los complejos proteicos de replicación del ADN (ADN polimerasas) para garantizar la reproducción de estas marcas.[33] Siempre que las histonas no hayan sido despojadas de sus modificaciones previas, la mitad de los nucleosomas de cada cromosoma descendiente conservarán las modificaciones del complemento original de ADN,

32. Cyrus Martin, Yi Zhang, «Mechanisms of Epigenetic Inheritance», *Current Opinion in Cell Biology,* vol. 19, n.º 3 (2007): 266-272. https://doi.org/10.1016/j.ceb.2007.04.002; Millissia Ben Maamar, Ingrid Sadler-Riggleman, Daniel Beck, Michael K. Skinner, «Epigenetic Transgenerational Inheritance of Altered Sperm Histone Retention Sites», *Scientific Reports,* vol. 8, n.º 1 (2018): 5308. https://doi.org/10.1038/s41598-018-23612-y; Bing Zhu and Danny Reinberg, «Epigenetic Inheritance: Uncontested?», *Cell Research,* vol. 21, n.º 3 (2011): 435-441. https://doi.org/10.1038/cr.2011.26

33. Thelma M. Escobar, *et al.*, «Inheritance of Repressed Chromatin Domains during S Phase Requires the Histone Chaperone NPM1», *Science Advances,* vol. 8, n.º 17 (2022): Eabm3945. doi: 10.1126/sciadv.abm3945.

porque las mismas histonas alteradas se deslizarán de nuevo a su lugar en el ADN descendiente.

El segundo mecanismo necesario para garantizar la reintroducción de las modificaciones de las histonas tras la replicación del ADN en el ADN derivado con nuevas histonas, es un complejo proceso de «lectura-escritura» que lee la colocación de las modificaciones de las histonas en uno y escribe en el otro. Dicho de manera más concreta, este complejo podría leer las modificaciones de las histonas en un cromosoma descendiente y escribir las modificaciones en el otro descendiente, o bien podría leer las modificaciones del nucleosoma original (progenitor) y reclutar a un escritor para que siguiera con el descendiente que no conserva las histonas originales y modificara los nuevos nucleosomas. Aunque más complicada, esta última opción se ha identificado más fácilmente. Se han identificado mecanismos de lectura-escritura del tipo que acabamos de describir para la metilación de H3K9 y H3K27.[34] A diferencia de la metilación H3K9 y H3K27, la reincorporación de la metilación H3K4 no se reproduce tan fielmente porque está asociada a regiones de los cromosomas en las que se produce gran parte de la variación de la expresión génica durante la vida. Eso no significa que no exista un mecanismo, simplemente es diferente, y se basa en si el gen se estaba transcribiendo activamente antes de que la célula se dividiera. Es decir, si el gen se desenrollaba para la transcripción, esa sección de ADN que contiene el gen se traslada a un lugar próximo a la periferia del núcleo. Desde esta ubicación, el ADN interactúa con una estructura denominada complejo del poro nuclear. Durante la replicación, las secciones de ADN parental y descendente per-

34. Jason H. Brickner, «Inheritance of Epigenetic Transcriptional Memory through Read–Write Replication of a Histone Modification», *Annals of the New York Academy of Sciences* (2023). doi: 10.1111/nyas.15033. Epub 2023 Jun 30. PMID: 37391188; PMCID: PMC11216120; Pauline N. C. B. Audergon, *et al.*, «Restricted Epigenetic Inheritance of H3K9 Methylation», *Science,* vol. 348, n.º 6230 (2015): 132135. doi: 10.1126/science.1260638. PMID: 25838386; PMCID: PMC4397586; Jason H. Brickner, «Inheritance of Epigenetic Transcriptional Memory through Read–Write Replication of a Histone Modification», *Annals of the New York Academy of Sciences* (2023). doi: 10.1111/nyas.15033. Epub 2023 Jun 30. PMID: 37391188; PMCID: PMC11216120.

manecerán próximas al complejo del poro nuclear, lo que provoca la modificación H3K4me2. Esta forma de metilación deja al gen en un estado parcialmente reprimido que puede desplegarse rápidamente. Algunos autores se refieren a esto como un estado «preparado» (es decir, reprimido pero disponible en un momento dado).[35] Este estado permisivo causado por la proximidad física al complejo del poro nuclear sobrevive a lo largo de varias generaciones en animales unicelulares. Aún no se han encontrado pruebas de una herencia similar en la vida multicelular compleja. Por supuesto, si el gen no se encuentra en esa ubicación, está trimetilado, lo que lo reprime con mayor seguridad.

ARN NO CODIFICANTES

A diferencia de los procariotas, que tienen una organización mucho más densa de un conjunto mucho más pequeño de genes (normalmente un bucle de ADN que contiene de unos cientos a un par de miles de genes), los genes eucariotas sólo representan entre el 1 y el 2 % del ADN nuclear. (Resulta que esto es un gran indicio de que en el ADN se codifica algo más que genes). Por supuesto, hay estructuras de ARN que realizan tareas, como el ARN de transferencia (también co-

35. Christopher I. Cazzonelli, Tony Millar, E. Jean Finnegan, Barry J. Pogson, «Promoting Gene Expression in Plants by Permissive Histone Lysine Methylation», *Plant Signaling & Behavior,* vol. 4, n.º 6 (2009): 484-488. doi: 10.4161/psb.4.6.8316. Epub 2009 Jun 2. PMID: 19816124; PMCID: PMC2688292; Michael Chas Sumner, Jason Brickner, «The Nuclear Pore Complex as a Transcription Regulator», *Cold Spring Harbor Perspectives in Biology,* vol. 14, n.º 1 (2022): A039438. doi: 10.1101/cshperspect.a039438. PMID: 34127448; PMCID: PMC8725628; André Hoelz, Erik W. Debler, Günter Blobel, «The Structure of the Nuclear Pore Complex», *Annual Review of Biochemistry,* vol. 80 (2011): 613-643. doi: 10.1146/annurev-biochem-060109-151030. PMID: 21495847; Bethany Sump y Jason Brickner, «Establishment and Inheritance of Epigenetic Transcriptional Memory», *Frontiers in Molecular Biosciences,* vol. 9 (2022): 977653. doi: 10.3389/fmolb.2022.977653. PMID: 36120540; PMCID: PMC9479176; Michael Chas Sumner y Jason Brickner, «The Nuclear Pore Complex as a Transcription Regulator», *Cold Spring Harbor Perspectives in Biology,* vol. 14, n.º 1 (2022): A039438. doi: 10.1101/cshperspect.a039438. PMID: 34127448; PMCID: PMC8725628.

nocido como ARNt), que transporta aminoácidos a los ribosomas y empareja los codones con los péptidos. En el genoma humano hay unas 500 copias de secuencias de ADN que codifican los ARNt,[36] pero esto es una fracción minúscula del resto.

¿Qué finalidad tiene, por tanto, el resto del ADN? Resulta que, en las especies superiores, como los humanos, gran parte de nuestro ADN se compone de secuencias reguladoras que controlan la expresión génica. En esta vasta categoría se incluyen los microARN (miARN), el ARN de interferencia corta (siARN) y el ARN que interactúa con PIWI (piARN), todos los cuales desempeñan funciones cruciales en la modificación epigenética de la expresión del ARN mensajero (ARNm). En conjunto, estas moléculas se denominan ARNi. Asociado a estos ARN especiales hay un grupo de proteínas llamadas argonautas. En realidad, los argonautas se dividen en dos grupos generales, las proteínas AGO y las proteínas PIWI. Cada una tiene la capacidad de unirse a una secuencia de ARN para formar un complejo denominado complejo de silenciamiento inducido por ARN (RISC) para silenciar la expresión de proteínas en el ribosoma.[37] Las proteínas PIWI tienen funciones adicionales que se tratarán más adelante en el capítulo.

---

36. Gilbert S. Omenn, «Reflections on the HUPO Human Proteome Project, the Flagship Project of the Human Proteome Organization, at 10 Years», *Molecular & Cellular Proteomics,* vol. 20 (2021). doi: 10.1016/j.mcpro.2021.100062. Epub 2021 Feb 26. PMID: 33640492; PMCID: PMC8058560; James R. Iben y Richard J. Maraia, «tRNA Gene Copy Number Variation in Humans», *Gene,* vol. 536, n.º 2 (2014): 376-384. PMID: 24342656; PMCID: PMC3941035.

37. Ran Elkon, Reuven Agami, «Characterization of Noncoding Regulatory DNA in the Human Genome», *Nature Biotechnology,* vol. 35, n.º 8 (2017): 732-746. https://doi.org/10.1038/nbt.3863; Kevin V. Morris, John S. Mattick, «The Rise of Regulatory RNA», *Nature Reviews Genetics,* vol. 15, n.º 6 (2014): 423-437. https://doi.org/10.1038/nrg3722; Julia Höck, Gunter Meister, «The Argonaute Protein Family», *Genome Biology,* vol. 9 (2008): 1-8. https://doi.org/10.1186/gb-2008-9-2-210; Hotaka Kobayashi, Yukihide Tomari, «RISC Assembly: Coordination between Small RNAs and Argonaute Proteins», *Biochimica et Biophysica Acta (BBA)-Gene Regulatory Mechanisms,* vol. 1859, n.º 1 (2016): 71-81. https://doi.org/10.1016/j.bbagrm.2015.08.007; Kotaro Nakanishi, «Anatomy of RISC: How Do Small RNAs and Chaperones Activate Argonaute Proteins?», *Wiley Interdisciplinary Reviews: RNA,* vol. 7, n.º 5 (2016): 637-660. doi: 10.1002/wrna.1356. Epub 2016 May 16. PMID: 27184117; PMCID: PMC5084781.

Empezando por el miARN, estas secuencias empiezan como segmentos de ARN de 70 a 100 nucleótidos o más. Tienen dos propiedades especiales. En primer lugar, son muy similares a los genes codificantes de proteínas (de hecho, a menudo son fragmentos parcialmente transpuestos del gen original). En segundo lugar, su secuencia es parcialmente complementaria o de unión automática.[38] Un ejemplo breve podría ser:

GTCGTAGAGTGAGTCTTAAGTACAGATCAATGCTAAGT-
CATTGAAT GGTACTTAAACTTCACTCGCTTGA

Observa que la secuencia puede doblarse sobre sí misma, como se muestra a continuación, para demostrar la complementariedad.

GTCGTAGAGTGAGTCTAGTACAGATCAATGCTA
AGTTCG CTCACT TCAATCATGGTAAGTTACTGA

Puedes ver que las áreas grises forman pares de nucleótidos que se complementan, lo que significa que podrían ser estables en forma de doble hélice siempre que la parte amarilla girada como una horquilla actúe como una bisagra. Aunque la pequeña zona azul y los dos extremos no se alinean, la compatibilidad general de las zonas grises es suficiente para mantener estable el ARN de doble cadena.

Esta secuencia de ARN, llamada transcripción primaria por razones obvias, y que está doblada sobre sí misma, es capturada entonces por una proteína llamada DROSHA (o su análoga PASHA).[39] La proteína

38. Y. Lee, K-H Jinju Han, Jin H. Yeo, V. N. Kim, «Drosha in Primary MicroRNA Processing», *Cold Spring Harbor Symposia on Quantitative Biology,* n.º 71 (2006): 51-57; Ashley M. Mohr y Justin L. Mott, «Overview of MicroRNA Biology», *Seminars in Liver Disease,* vol. 35, n.º 1 (2015): 3-11. doi: 10.1055/s-0034-1397344. Epub 2015 Jan 29. PMID: 25632930; PMCID: PMC4797991.
39. Yoontae Lee, *et al.*, «The Nuclear RNase III Drosha Initiates MicroRNA Processing», *Nature,* vol. 425, n.º 6956 (2003): 415-419. https://doi.org/10.1038/nature01957; Ahmet M. Denli, *et al.*, «Processing of Primary MicroRNAs by the Microprocessor Complex», *Nature,* vol. 432, n.º 7014 (2004): 231-235. https://doi.org/10.1038/nature03049

DROSHA recorta los extremos superpuestos (no coloreados) que carecen de sentido y corta el esqueleto de ribosa del ARN en el giro tensionado en horquilla.

GAGTGAGTCTAGTACAGATCAATGCTA
CTC ACT TCAATCATGGTAAGTTACTGA

A continuación, el pre-miARN es transportado fuera del núcleo por la Exportina-5.

Una vez fuera del núcleo, el pre-miARN es capturado de nuevo por una proteína, esta vez llamada DICER,[40] que recorta la antigua sección de giro en horquilla (amarilla), dejando un par de segmentos de ARN, en su mayoría complementarios, que tienen una longitud de entre 21 y 24 nucleótidos.

GAGTGAGTCTAGTACAGATCAATG
CTC ACT TCAATCATGGTAAGTTAC

El paso final del proceso es cuando la proteína argonauta (AGO) agarra la secuencia, desenrolla la estructura de doble hélice, separa las dos hebras, en gran parte complementarias, y desecha una mientras retiene la otra. (La que suelta se degrada rápidamente, como ocurre con la mayor parte del material genético no acompañado fuera del núcleo). El AGO y el miARN se asocian rápidamente con otro conjunto de proteínas que forman colectivamente el complejo de silenciamiento inducido por ARN, o RISC. El complejo RISC se lleva a los ribosomas y cuando encuentra una secuencia de ARN mensajero con la que coincide parcialmente, el microARN se une a la secuencia de ARN mensa-

40. Rui Yi, Yi Qin, Ian G. Macara, Bryan R. Cullen, «Exportin-5 Mediates the Nuclear Export of Pre-MicroRNAs and Short Hairpin RNAs», *Genes & Development*, vol. 17, n.º 24 (2003): 3011-3016. doi: 10.1101/gad.1158803. Epub 2003 Dec 17. PMID: 14681208; PMCID: PMC305252; Lukasz Jaskiewicz, Witold Filipowicz, «Role of Dicer in Posttranscriptional RNA Silencing», *RNA Interference* (2008): 77-97. doi: 10.1007/978-3-540-75157-1_4. PMID: 18268840.

jero (y a veces incluso la corta), atascando el proceso de síntesis de proteínas.[41]

Los ARN de interferencia cortos o pequeños (siARN) son prácticamente idénticos en cómo se procesan y en lo que hacen. La única diferencia real es que son ligeramente más largos (veinticuatro nucleótidos).[42]

Sin embargo, los ARN que interactúan con los piARN son bastante diferentes. El ARN de muchos piARN procede de ARN monocatenario largo, transcrito de regiones del ADN que antes se consideraban «desechos». Se han encontrado grupos de cientos de secuencias de piARN en el ADN, a menudo cerca del centrómero, en la heterocromatina. Las hebras de piARN, tras ser recortadas (por el complejo procesador ZUC) suelen tener una longitud de veinticuatro a treinta y tres nucleótidos. Los piARN son funcionalmente similares en algunos aspectos a los miARN y los siARN, pero en lugar de asociarse a las proteínas AGO, los ARN de los piARN se asocian a las proteínas PIWI. Además, a diferencia de los miARN y los siARN, ambos dominantes en todos los tipos celulares, los piARN se utilizan principalmente en las células de la línea germinal porque tienen la capacidad de proteger a las células de la línea germinal de los cambios en el genoma.[43] Este ám-

41. Marc R. Fabian y Nahum Sonenberg, «The Mechanics of miRNA Mediated Gene Silencing: A Look under the Hood of miRISC», *Nature Structural & Molecular Biology*, vol. 19, n.º 6 (2012): 586-593. doi: 10.1038/nsmb.2296. PMID: 22664986; Hotaka Kobayashi y Yukihide Tomari, «RISC Assembly: Coordination Between Small RNAs and Argonaute Proteins», *Biochimica et Biophysica Acta (BBA)-Gene Regulatory Mechanisms*, vol. 1859, n.º 1 (2016): 71-81. https://doi.org/10.1016/j.bbagrm.2015.08.007; Ashley J. Pratt e Ian J. Macrae, «The RNA-Induced Silencing Complex: A Versatile Gene Silencing Machine», *Journal of Biological Chemistry*, vol. 284, n.º 27 (2009): 17897-17901. doi: 10.1074/jbc. R900012200. Epub 2009 Apr 1. PMID: 19342379; PMCID: PMC2709356.

42. Richard I.Gregory, Thimmaiah P. Chendrimada, Neil Cooch, Ramin Shiekhattar, «Human RISC Couples MicroRNA Biogenesis and Posttranscriptional Gene Silencing», *Cell*, vol. 123, n.º 4 (2005): 631-640. doi: 10.1016/j.cell.2005.10.022. Epub 2005 Nov 3. PMID: 16271387.

43. Frank J. Slack, «Regulatory RNAs and the Demise of 'Junk' DNA», (2006): 1-2. https://doi.org/10.1186/gb-2006-7-9-328; Samuel Corless, Saskia Höcker, Sylvia Erhardt, «Centromeric RNA and Its Function at and Beyond Centromeric Chromatin», *Journal of Molecular Biology*, vol. 432, n.º 15 (2020): 4257-4269.

bito de importancia está relacionado con la capacidad de los piARN de regular tanto la transcripción como la traducción.

Vamos a desglosar esto último, porque es extremadamente importante. El piARN es un complejo de silenciamiento inducido por ARN (piRISC) que sirve como elemento regulador ribosómico y/o nuclear. Así que modula la expresión de los genes en múltiples lugares. En primer lugar, al igual que los miARN y los siARN, los piARN interactúan con secuencias de ARN mensajero en los ribosomas. Sin embargo, a diferencia de los miARN y los siARN, los piARN también pueden interactuar directamente y dirigirse al ADN en el núcleo, silenciando la transcripción (mediante la metilación del ADN y la modificación de las histonas). Esto significa que los piARN ejercen un control tanto traslacional como transcripcional sobre la expresión de las proteínas. Más concretamente con respecto a este control transcripcional, en las células de la línea germinal, los piARN tienen la capacidad de dirigirse a secuencias de ADN denominadas transposones, que pueden causar estragos en el ADN de la línea germinal, eliminando por lo general la viabilidad de la descendencia.[44]

Decir que los piARN son importantes es decir poco. Para tener una perspectiva, sólo se han identificado unos pocos miles de miARN y siARN. En comparación con un genoma que contiene entre 20.000

https://doi.org/10.1016/j.jmb.2020.03.027; Daniel Stoyko, Pavol Genzor, Astrid D. Haase, «Hierarchical Length and Sequence Preferences Establish a Single Major piRNA 3'-End», *Iscience,* vol. 25, n.º 6 (2022). doi: 10.1016/j.isci.2022.104427; Celina Juliano, Jianquan Wang, Haifan Lin, «Uniting Germline and Stem Cells: The Function of Piwi Proteins and the PiRNA Pathway in Diverse Organisms», *Annual Review of Genetics,* vol. 45 (2011): 447-469. https://doi.org/10.1146/annurev-genet-110410-132541

44. Yu H. Sun, *et al.,* «Coupled Protein Synthesis and Ribosome-Guided PiRNA Processing on mRNAs», *Nature Communications,* vol. 12, n.º 1 (2021): 5970. https://doi.org/10.1038/s41467-021-26233-8; Dansen Wu, *et al.,* «Effects of Novel ncRNA Molecules, p15-piRNAs, on the Methylation of DNA and Histone H3 of the CDKN2B Promoter Region in U937 Cells», *Journal of Cellular Biochemistry,* vol. 116, n.º 12 (2015): 2744-2754. doi: 10.1002/jcb.25199; Jaspreet S. Khurana y William Theurkauf, «piRNAs, Transposon Silencing, and Drosophila Germline Development», *Journal of Cell Biology,* vol. 191, n.º 5 (2010): 905-913. https://doi.org/10.1083/jcb.201006034

y 25.000 genes, podríamos considerarlos algo secundario (por supuesto, eso no es cierto desde el punto de vista funcional, pero desde la perspectiva del porcentaje del genoma, ya me entiendes). En cambio, se han identificado más de 173 millones de piARN posibles (sus secuencias codificadoras en el ADN pueden incluso solaparse unas con otras).[45] Esto convierte a los piARN en el mayor actor de la genética, de nuevo, desde el punto de vista del porcentaje del conjunto del ADN. Como grupo, tienen que ser así de masivos si van a ser capaces de interactuar con secuencias impredecibles, como las repeticiones erróneas, que, como su nombre indica, son secciones de ADN repetido (normalmente secciones cortas repetidas muchas veces). Los piARN también interactúan y silencian transposones, que son tramos de ADN con capacidad para desplazarse (o de saltar) a posiciones distales dentro del genoma.

Constituyendo en conjunto casi la mitad del genoma, la mayoría de los elementos repetidos se clasifican como elementos intercalados cortos y largos, que comprenden aproximadamente el 20 % y aproximadamente el 17 % del genoma humano, respectivamente. ¡Estos errores son el segundo y tercer trozos más grandes del ADN total! Afecciones que van desde la Corea de Huntington (una enfermedad neurológica devastadora que surge de una expansión de elementos repetidos cortos) hasta una marcada predisposición a sufrir distintas formas de cáncer están asociadas a repeticiones erróneas.

Descubiertos originalmente por Barbara McClintock, por lo que obtuvo el Premio Nobel, los transposones son secciones de ADN que tienen la capacidad de desplazarse de un lugar a otro dentro del ADN. Existen dos mecanismos por los que estas secciones se desplazan: 1. El movimiento directo de una secuencia de nucleótidos de un lugar a otro (lo que se denomina «cortar y pegar») y 2. La transcripción de un ARN intermedio que conduce a una transcripción inversa de nuevo a ADN que luego se inserta en un nuevo lugar dentro del genoma (lo que se denomina «copiar y pegar»). Es probable que los trans-

45. Jiajia Wang, *et al.*, «Pirbase: A Comprehensive Database of piRNA Sequences», *Nucleic Acids Research,* vol. 47, n.º D1 (2019): D175-D180. https://doi.org/10.1093/nar/gky1043

posones existan en el genoma como restos persistentes de pasados encuentros virales con los genomas de nuestros antepasados y algunos teorizan que permanecen porque pueden mejorar la capacidad de una especie, en su conjunto, para crear mutaciones eficaces cuando se enfrenta a un reto grave (que la epigenética no puede abordar).[46] Sin embargo, para un individuo que intenta reproducirse, los transposones suelen bloquear la viabilidad de la descendencia porque desplazan la ubicación de un gen esencial o de una parte de un gen o insertan un gran trozo de sinsentido justo en medio de otro gen. Por lo tanto, las proteínas PIWI y varias proteínas efectoras que interactúan con el complejo piARN tienen la capacidad de activar proteínas de modificación de histonas, como las histonas metiltransferasas específicas para H3K9me3, que silencian el transposón. Los piARN evitan que se produzca un caos de genes saltarines.

ARN NO CODIFICANTE Y ESTRÉS OXIDATIVO

Con este conocimiento del ARN no codificante (ARNnc), podemos pasar a debatir sobre la inflamación y el estrés oxidativo y sobre como éstos interactúan con el funcionamiento del ARN no codificante. Anteriormente se explicó que las ROS (especies reactivas del oxígeno) desempeñan un papel importante en la salud celular, siendo su participación como moléculas de señalización para la comunicación mito-

---

46. Nathaniel C. Comfort, «From Controlling Elements to Transposons: Barbara McClintock and the Nobel Prize», *Trends in Genetics,* vol. 17, n.º 8 (2001): 475-478. https://doi.org/10.1016/S0160-9327(00)01370-3; Corentin Claeys Bouuaert, Ronald M. Chalmers, «Gene Therapy Vectors: The Prospects and Potentials of the Cut-andPaste Transposons», *Genetica,* vol. 138 (2010): 473-484. doi: 10.1007/s10709-009-9391-x. Epub 2009 Aug 2. PMID: 19649713; Lukas Schrader y Jürgen Schmitz, «The Impact of Transposable Elements in Adaptive Evolution», *Molecular Ecology,* vol. 28, n.º 6 (2019): 1537-1549. doi: 10.1111/mec.14794. www.medizin.uni-muenster.de/fileadmin/einrichtung/zmbe/iep/schmitz/Pdfs/72_Schrader2019.pdf; Cédric Feschotte y Ellen J. Pritham, «DNA Transposons and the Evolution of Eukaryotic Genomes», *Annual Review of Genetics,* vol. 41 (2007): 331-368. doi: 10.1146/annurev.genet.40.110405.090448. PMID: 18076328; PMCID: PMC2167627.

condrial dentro de la célula fundamental para el mantenimiento de la homeostasis, pero los niveles excesivos de ROS son perjudiciales y tóxicos.

Los miARN desempeñan un papel importante en la regulación del nivel celular de ROS y la desregulación de sus niveles puede conducir al estrés oxidativo y al desarrollo de muchas afecciones médicas.[47] Esta relación es bidireccional, ya que el aumento de la inflamación y el estrés oxidativo impuestos a la célula por amenazas exógenas y la señalización proinflamatoria alteran la expresión de miARN (y siARN).

En particular, con respecto al papel de la influencia de los miARN sobre el estrés oxidativo mediado por las ROS y el daño tisular, en 2017, Jaideep Banerjee y sus colegas proporcionaron una excelente visión general de ejemplos importantes de afecciones médicas afectadas por la relación entre los miARN y el estrés oxidativo.[48] Su revisión de la literatura destacó:

- Aterosclerosis y enfermedad vascular,
- Ataque cardíaco,
- Diabetes tipo 2,
- Cáncer,
- Enfermedad renal crónica (ERC),

47. Ozge Cemiloglu Ulker, *et al.*, «Short Overview on the Relevance of MicroRNA–Reactive Oxygen Species (ROS) Interactions and Lipid Peroxidation for Modulation of Oxidative Stress-Mediated Signalling Pathways in Cancer Treatment», *Journal of Pharmacy and Pharmacology,* vol. 74, n.º 4 (2022): 503-515. doi: 10.1093/jpp/rgab045. PMID: 33769543; Jun He y Bing-Hua Jiang, «Interplay Between Reactive Oxygen Species and MicroRNAs in Cancer», *Current Pharmacology Reports,* vol. 2, n.º 2 (2016): 82-90. https://doi.org/10.1007/s40495-016-0051-4; Valeria Villarreal-García, *et al.*, «A Vicious Circle in Breast Cancer: The Interplay Between Inflammation, Reactive Oxygen Species, and MicroRNAs», *Frontiers in Oncology,* vol. 12 (2022): 980694. doi: 10.3389/fonc.2022.980694. PMID: 36226048; PMCID: PMC9548555; Yao-Yu Gong, Jiang-Yun Luo, Li Wang, Yu Huang, «MicroRNAs Regulating Reactive Oxygen Species in Cardiovascular Diseases», *Antioxidants & Redox Signaling,* vol. 29, n.º 11 (2018): 1092-1107. doi: 10.1089/ars.2017.7328. Epub 2017 Nov 7. PMID: 28969427.
48. Jaideep Banerjee, Savita Khanna, Akash Bhattacharya, «MicroRNA Regulation of Oxidative Stress», *Oxidative Medicine and Cellular Longevity* (2017). PMID: 29312474; PMCID: PMC5684587.

- Enfermedad del hígado graso
- Envejecimiento.

A partir de la aterosclerosis, los autores de esta revisión editorial, titulada *MicroRNA Regulation of Oxidative Stress* (Regulación del estrés oxidativo por microARN), describen el papel de un miARN específico (210) en la protección de las células endoteliales contra la apoptosis inducida por el estrés oxidativo. La protección que proporciona la expresión aumentada del miARN-210 se debe a su efecto inhibidor sobre los niveles dañinos de ROS.

Recordemos que unos niveles más altos de ROS pueden conducir al suicidio celular a través de una vía de activación de la caspasa mediada por la mitocondria, por lo que la reducción de ROS es una vía de supervivencia celular. El miARN-210 regula también el daño oxidativo de las células endoteliales en otras afecciones vasculares.

De forma similar, en la diabetes tipo 2, niveles más altos de miARN-424 se asocian a niveles más bajos de expresión de citocinas inflamatorias como la Il-1 y la IL-6.

En algunos modelos de accidentes cardiovasculares, otro miARN, el let7A, se asocia al mantenimiento de la integridad de la barrera hematoencefálica (y a la reducción de la respuesta inflamatoria y la muerte celular). En cada una de estas afecciones, estas observaciones de cambios en la expresión de miARN pueden asociarse a la estimulación del nervio vago.

Como se mencionó anteriormente, la relación es bidireccional y el estrés oxidativo también puede alterar la expresión de miARN. Así lo señalan Andrii Domanskyi y sus colegas en su artículo de 2019:

Las redes de microARN y el estrés oxidativo están inextricablemente entrelazados en los procesos neurodegenerativos. El estrés oxidativo afecta a los niveles de expresión de múltiples microARN y, a la inversa, los microARN regulan muchos genes implicados en la respuesta al estrés oxidativo.

Tanto el estrés oxidativo como las redes reguladoras de microARN también influyen en otros procesos relacionados con la neurodegeneración, como la disfunción mitocondrial, la desregulación de la proteostasis y el aumento de la neuroinflamación que, finalmente, conducen a la muerte neuronal.[49]

Como describen los autores, una serie de agresiones, que van desde la desregulación de la señalización de la insulina hasta los agregados de amiloide-β, contribuyen a la disfunción mitocondrial y al estrés oxidativo. Asociados a estos fenómenos fisiológicos se producen cambios en la expresión de los miARN. El estrés oxidativo provoca tanto la regulación al alza como a la baja de diferentes miARN y, en sentido contrario, muchos microARN pueden regular la respuesta al estrés oxidativo.

CÓMO AFECTA LA ESTIMULACIÓN DEL NERVIO VAGO A LOS MECANISMOS EPIGENÉTICOS

Entre 2005 y 2010, varios equipos de investigación publicaron resultados que mostraban una interacción entre la función inmunitaria y los miARN. Los miARN pueden modular la expresión de receptores y citocinas implicados en las respuestas inmunitarias y los cambios en la expresión de miARN se asocian con la inflamación desencadenada por citocinas y/o inducida por LPS. Tili, Pedersen y sus respectivos colegas publicaron datos en 2007 que mostraban que los miARN, incluidos miARN-155 y miARN-146a, están regulados al alza por desencadenantes inflamatorios y desempeñan un papel en la inflamación del sistema nervioso central. Por lo tanto, en conjunto, estos informes sugieren que al menos estos dos miARN forman mecanismos de control de retroalimentación para atenuar los efectos de los desencadenantes proinflamatorios.[50]

---

49. Julia Konovalova, *et al.*, «Interplay Between MicroRNAs and Oxidative Stress in Neurodegenerative Diseases», *International Journal of Molecular Sciences,* vol. 20, n.º 23 (2019): 6055. https://doi.org/10.3390/ijms20236055

50. Irene Pedersen y Michael David, «MicroRNAs in the Immune Response», *Cytokine,* vol. 43, n.º 3 (2008): 391-394. doi: 10.1016/j.cyto.2008.07.016. Epub 2008 Aug 12. PMID: 18701320; PMCID: PMC3642994; Enikö Sonkoly y Andor Pivarcsi, «MicroRNAs in Inflammation», *International Reviews of Immunology,* vol. 28, n.º 6 (2009): 535-561. https://doi.org/10.3109/08830180903208303;

En 2009, con el conocimiento de los mecanismos recientemente propuestos de la vía antiinflamatoria colinérgica esplénica (CAP), que utiliza la estimulación del nervio vago (VNS) para inducir la liberación de acetilcolina, que actúa para reducir la inflamación, un grupo de Israel planteó la hipótesis de que el miARN podría desempeñar un papel en este fenómeno. En estudios con animales publicados en Immunity, por Soreq y sus colegas, se demostró que el microARN-132 se regulaba al alza por la estimulación del nervio vago, y que el miARN-132 reprimía la expresión de la enzima acetilcolina esterasa, que descompone rápidamente la acetilcolina.[51] (La acetilcolina esterasa es inducida por el estrés). Por lo tanto, la VNS produce un aumento de la acetilcolina al inhibir la producción de la enzima que la descompone.

Estudios posteriores en modelos de accidentes cerebrovasculares confirmaron el papel del miARN-132 en la reducción de la respuesta inflamatoria a la isquemia y la limitación del tamaño de la lesión. Es decir, el miARN-132 protegía contra la respuesta inflamatoria dañina

Mark M. Perry, *et al.*, «Rapid Changes in MicroRNA-146a Expression Negatively Regulate The IL-1βInduced Inflammatory Response in Human Lung Alveolar Epithelial Cells», *The Journal of Immunology,* vol. 180, n.º 8 (2008): 5689-5698. doi: 10.4049/jimmunol.180.8.5689. PMID: 18390754; PMCID: PMC2639646; Huimin Kong, *et al.*, «The Effect of miR-132, miR-146a, and miR-155 on MRP8/TLR4 Astrocyte-Related Inflammation», *Journal of Molecular Neuroscience,* vol. 57 (2015): 28-37. doi: 10.1007/s12031-015-0574-x. Epub 2015 May 10. PMID: 25957996; Maurizio Ceppi, *et al.*, «MicroRNA-155 Modulates the Interleukin-1 Signaling Pathway in Activated Human Monocyte-Derived Dendritic Cells», *Proceedings of the National Academy of Sciences,* vol. 106, n.º 8 (2009): 2735-2740. https://doi.org/10.1073/pnas.0811073106; Shuo Li, Yan Yue, Wei Xu, Sidong Xiong, «MicroRNA-146a Represses Mycobacteria-Induced Inflammatory Response and Facilitates Bacterial Replication via Targeting IRAK-1 And TRAF-6», *PloS One,* vol. 8, n.º 12 (2013): E81438. doi: 10.1371/journal.pone.0081438. PMID: 24358114; PMCID: PMC3864784; Natheer H. Al-Rawi, *et al.*, «Salivary MicroRNA 155, 146a/B and 203: A Pilot Study for Potentially Non-Invasive Diagnostic Biomarkers of Periodontitis and Diabetes Mellitus», *PloS One,* vol. 15, n.º 8 (2020): E0237004. https://doi.org/10.1371/journal.pone.0237004

51. Iftach Shaked, *et al.*, «MicroRNA-132 Potentiates Cholinergic AntiInflammatory Signaling by Targeting Acetylcholinesterase», *Immunity,* vol. 31, n.º 6 (2009): 965-973. doi: 10.1016/j.immuni.2009.09.019. Epub 2009 Dec 10. PMID: 20005135.

para las neuronas de la lesión hipóxica en el cerebro.[52] Como se describió anteriormente en el capítulo 2, se ha demostrado que la VNS proporciona beneficios similares en modelos animales de ictus y, en la actualidad, se está estudiando la estimulación no invasiva del nervio vago (nVNS) en ensayos con humanos en Europa.

En 2015, Jiang y sus colegas informaron sobre un trabajo similar realizado en China que mostraba que los beneficios antioxidantes y antiapoptosis de la VNS en un modelo de isquemia y reperfusión de ictus estaban mediados a través de la regulación al alza del miARN-210.[53] De hecho, en su modelo, ¡el bloqueo del miARN-210 anuló sustancialmente los beneficios de la VNS!

Otro microARN que se ha asociado con la vía colinérgica antiinflamatoria (CAP) es el miARN-124. Se ha demostrado que los niveles de miARN-124 aumentan en modelos inflamatorios inducidos por LPS acoplados a un agonista de 7-nAChR. Según un trabajo posterior de Soreq, publicado con Nadorp en 2014, miRNA-124 afecta a dos proteínas en la CAP activada por VNS.[54] Éstas son:

52. Haomin Yan, *et al.*, «miRNA-132/212 Regulates Tight Junction Stabilization in Blood–Brain Barrier after Stroke», *Cell Death Discovery*, vol. 7, n.º 1 (2021): 380. https://doi.org/10.1038/s41420-021-00773-w; Zheng Gang Zhang, Benjamin Buller, Michael Chopp, «Exosomes–Beyond Stem Cells for Restorative Therapy in Stroke and Neurological Injury», *Nature Reviews Neurology*, vol. 15, n.º 4 (2019): 193-203. doi: 10.1038/s41582-018-0126-4. PMID: 30700824.

53. Ying Jiang, *et al.*, «miR-210 Mediates Vagus Nerve Stimulation-Induced Antioxidant Stress and Anti-Apoptosis Reactions Following Cerebral Ischemia/Reperfusion Injury in Rats», *Journal of Neurochemistry*, vol. 134, n.º 1 (2015): 173-181. https://doi.org/10.1111/jnc.13097

54. Yang Sun, *et al.*, «MicroRNA-124 Mediates the Cholinergic Anti-Inflammatory Action through Inhibiting the Production of Pro-Inflammatory Cytokines», *Cell Research*, vol. 23, n.º 11 (2013): 1270-1283. doi: 10.1038/cr.2013.116. Epub 2013 Aug 27. PMID: 23979021; PMCID: PMC3817544; Luis Ulloa, «The Cholinergic Anti-Inflammatory Pathway Meets MicroRNA», *Cell Research*, vol. 23, n.º 11 (2013): 1249-1250. https://doi.org/10.1038/cr.2013.128; Bettina Nadorp and Hermona Soreq, «Predicted Overlapping MicroRNA Regulators of Acetylcholine Packaging and Degradation in Neuroinflammation-Related Disorders», *Frontiers in Molecular Neuroscience*, vol. 7 (2014): 9. doi: 10.3389/fnmol.2014.00009. PMID: 24574962; PMCID: PMC3918661.

- STAT3, cuya reducción afecta a una inhibición de IL-6, y
- una enzima convertidora de TNFα, que reduce la liberación de TNFα.

El miARN-124 se expresa en gran medida en el cerebro de los mamíferos, lo que le confiere resistencia al estrés, y se regula a la baja en el hipocampo de los animales estresados. Los modelos animales de lesión cerebral traumática (LCT o TBI por sus siglas en inglés) han mostrado un curioso aumento transitorio del miARN-124, seguido de un descenso asociado a un aumento del riesgo neurodegenerativo. Por el contrario, el aumento del miARN-124 restauró la función cognitiva tras repetidos LCT.[55]

Un ejemplo fascinante de la expresión de microARN que afecta a la CAP fue comunicado, de nuevo, por Soreq y sus colegas en 2017, cuando describieron el papel del miARN-211 en la epilepsia. Recordemos del capítulo 2 que la acetilcolina es un regulador fundamental del potencial convulsivo y su retirada puede conducir a un mayor riesgo de convulsiones. El miARN-211 regula la expresión de la subunidad 7 del nAChR. El resultado práctico de esto es que la expresión de miARN-211 suprime las convulsiones. Por el contrario, el bloqueo del miARN-211 aumenta el riesgo de crisis epilépticas debido a una actividad disfuncional de la acetilcolina (y a un flujo de calcio desregulado).[56]

55. Laura Musazzi, *et al.*, «Stress, MicroRNAs, and Stress-Related Psychiatric Disorders: An Overview», *Molecular Psychiatry* (2023): 1-18. https://doi.org/10.1038/s41380-023-02139-3; Shan Huang, *et al.*, «Increased miR-124-3p In Microglial Exosomes Following Traumatic Brain Injury Inhibits Neuronal Inflammation and Contributes to Neurite Outgrowth via Their Transfer into Neurons», *The FASEB Journal,* vol. 32, n.º 1 (2018): 512-528. https://doi.org/10.1096/fj.201700673r; Yongxiang Yang, *et al.*, «miR-124 Enriched Exosomes Promoted the M2 Polarization of Microglia and Enhanced Hippocampus Neurogenesis after Traumatic Brain Injury by Inhibiting TLR4 Pathway», *Neurochemical Research,* vol. 44 (2019): 811-828. https://doi.org/10.1007/s11064-018-02714-z
56. Uriya Bekenstein, *et al.*, «Dynamic Changes in Murine Forebrain mir-211 Expression Associate with Cholinergic Imbalances and Epileptiform Activity», *Proceedings of the National Academy of Sciences,* vol. 114, n.º 25 (2017): E4996-E5005. doi: 10.1073/pnas.1701201114. Epub 2017 Jun 5. PMID: 28584127; PMCID:

La VNS aumenta la expresión del miARN-211 y reduce el riesgo de crisis epilépticas.

En 2019, Sanders y sus colegas publicaron un artículo en el que investigaban los mecanismos subyacentes detrás de los efectos de mejora de la cognición de la VNS. (En palabras de los autores, «se ha demostrado que la estimulación del nervio vago (VNS) facilita la plasticidad y la memoria en modelos animales y humanos»). Los resultados de su serie de estudios en animales confirmaron que la VNS modula la expresión génica en múltiples categorías, incluidos los reguladores epigenéticos (por ejemplo, las DNMT y las proteínas de metilación/desmetilación de histonas).[57]

En su estudio, la potencia del efecto de la VNS era tan fuerte que los niveles de expresión proteica de los reguladores epigenéticos eran tan diferentes entre los grupos de simulacro y de VNS que el tejido cerebral podía distinguirse claramente sólo por estos niveles. (Recordemos que el hipocampo es donde se produce el aprendizaje y la formación de la memoria).

LONGEVIDAD Y ESTIMULACIÓN DEL NERVIO VAGO

El campo de la medicina antienvejecimiento es tan incipiente como antiguo. En todas las culturas, desde los albores de la historia, la humanidad ha buscado pociones, hechizos y talismanes que le proporcionaran la eterna juventud. Sin embargo, los procesos moleculares y

---

PMC5488936; Katherine A. Rees, A. Halawa, *et al.*, «Molecular, Physiological and Behavioral Characterization of the Heterozygous Df [H15q13]/+ Mouse Model Associated with the Human 15q13. 3 Microdeletion Syndrome», *Brain Research*, vol. 1746 (2020): 147024. doi: 10.1016/j.brainres.2020.147024. Epub 2020 Jul 23. PMID: 32712126; Uriya Bekenstein, *et al.*, «Dynamic Changes in Murine Forebrain miR-211 Expression Associate with Cholinergic Imbalances and Epileptiform Activity», *Proceedings of the National Academy of Sciences,* vol. 114, n.º 25 (2017): E4996-E5005. https://doi.org/10.1073/pnas.1701201114

57. Teresa H. Sanders, *et al.*, «Cognition-Enhancing Vagus Nerve Stimulation Alters the Epigenetic Landscape», *Journal of Neuroscience,* vol. 39, n.º 18 (2019): 3454-3469. https://doi.org/10.1523/JNEUROSCI.2407-18.2019

celulares que conducen al envejecimiento sólo han empezado a desvelar sus secretos recientemente. Por tanto, la migración del campo de la teología y el misticismo a la luz de la ciencia no se ha producido hasta hace poco. En 2013, López-Otín y sus colegas expusieron las líneas de investigación científica que tenían más probabilidades de descifrar el fenómeno del envejecimiento. Entre otros factores (como la longitud de los telómeros, la senescencia celular, el agotamiento de las células madre, la desregulación de la detección de nutrientes y la alteración de la comunicación intercelular), López-Otín sugirió que el envejecimiento podría explicarse a través de modificaciones epigenéticas, la inestabilidad dentro del genoma y el proteoma, y una degradación de la salud mitocondrial. El resto de este apartado se centra en qué aspecto tiene esto y cómo modularlo.[58]

El propósito fundamental de los mecanismos epigenéticos es proporcionar los medios para ajustar la expresión de las proteínas a las demandas que surgen a lo largo de la vida. La demanda del complemento íntegro de genes en el genoma de una especie disminuye rápidamente con el desarrollo a medida que se produce la especialización celular, de modo que, al nacer, casi todas las células (salvo las células madre) tienen secuestrados hasta el 60 u 80 % de sus genes. Sin embargo, a medida que envejecemos, los genes que antes estaban secuestrados de forma eficaz se «sueltan» y las marcas en el ADN y las histonas que reprimían la expresión de proteínas se alteran. A veces, este cambio es el resultado de una necesidad transitoria de acceder a un gen que, de otro modo, estaría secuestrado, pero otras veces es una función del daño por ROS, toxinas, radiación u otros agentes químicos modificadores. Debido a estos mecanismos, parece haber un deslizamiento inexorable hacia una pérdida de represión de la expresión proteica. Esto es especialmente prominente en los extremos de los cromosomas (regiones que contienen telómeros) y alrededor de los centrómeros (que son típicamente regiones marcadas con H3K9me3).[59] Para aque-

58. Carlos López-Otín, *et al.*, «The Hallmarks of Aging», *Cell,* vol. 153, n.º 6 (2013): 1194-1217. Traducción al castellano: Carlos López-Otín, *et al.,* «Los sellos del envejecimiento». https://smiba.org.ar/curso_medico_especialista/lecturas_2022/Los%20sellos%20del%20envejecimiento.pdf

59. Al Aboud, Nora M., Connor Tupper, Ishwarlal Jialal, «Genetics, Epigenetic Me-

llos que buscan ralentizar los procesos de envejecimiento, era una pregunta natural preguntarse si podría haber formas de inhibir esa progresión. Resulta tentador pensar que la respuesta parece ser afirmativa.

La mayoría de las pruebas de cambios epigenéticos que influyen en la esperanza de vida son, por necesidad, el resultado de experimentos con animales (la invención de herramientas para estudiar muchas marcas epigenéticas es simplemente demasiado reciente, de hace tan sólo unos años, como para haber reunido resultados de longevidad en la mayoría de los modelos animales más grandes). Aun así, tenemos datos intrigantes, como la depleción de LSD-1 (desmetilasa específica de lisina), que es una desmetilasa H3K4, de la que se ha informado que prolonga la vida en algunas especies primitivas.[60] Recordemos que la metilación H3K4 normalmente aumenta la expresión de proteínas, por lo que la eliminación de esas marcas suprime la expresión de proteínas, y esto se asocia con una mayor longevidad.

chanism», in Statpearls, St. Petersburg, FL: Statpearls Publishing, 2022; Irene Hernando-Herraez, Raquel Garcia-Perez, Andrew J. Sharp, Tomas Marques-Bonet, «DNA Methylation: Insights into Human Evolution», *Plos Genetics,* vol. 11, n.º 12 (2015): E1005661. https://doi.org/10.1371/journal.pgen.1005661; Pamela E. Bennett-Baker, Jodi Wilkowski, David T. Burke, «Age Associated Activation of Epigenetically Repressed Genes in the Mouse», *Genetics,* vol. 165, n.º 4 (2003): 2055-2062. doi: 10.1093/genetics/165.4.2055; Stella Marie Reamon-Buettner, Vanessa Mutschler, Juergen Borlak, «The Next Innovation Cycle in Toxicogenomics: Environmental Epigenetics», *Mutation Research / Reviews in Mutation Research,* vol. 659, n.º 12 (2008): 158-165. doi: 10.1016/j.mrrev.2008.01.003. Epub 2008 Jan 19. PMID: 18342568; Randall S. Gieni, Ismail H. Ismail, Stuart Campbell, Michael J. Hendzel, «Polycomb Group Proteins in the DNA Damage Response: A Link Between Radiation Resistance and 'Stemness,' », *Cell Cycle,* vol. 10, n.º 6 (2011): 883-894. https://doi.org/10.4161/cc.10.6.14907; Shufei Song y F. Brad Johnson, «Epigenetic Mechanisms Impacting Aging: A Focus on Histone Levels and Telomeres», *Genes,* vol. 9, n.º 4 (2018): 201. doi: 10.3390/genes9040201. PMID: 29642537; PMCID: PMC5924543; Navneet K. Matharu y Rakesh K. Mishra, «Tone Up Your Chromatin and Stay Young», *Journal of Biosciences,* vol. 36 (2011): 5-11. doi: 10.1007/s12038-011-9013-5. PMID: 21451241.

60. Gawain McColl, *et al.*, «Pharmacogenetic Analysis of Lithium-Induced Delayed Aging in Caenorhabditis Elegans», *Journal of Biological Chemistry,* vol. 283, n.º 1 (2008): 350-357. doi: 10.1074/jbc.M705028200. Epub 2007 Oct 24. PMID: 17959600; PMCID: PMC2739662.

Por el contrario, la metilación de H3K27 tiene efectos represivos sobre la expresión de proteínas. No es sorprendente, por tanto, que el envejecimiento esté asociado a reducciones en H3K27me3, lo que conduce a una mayor expresión de proteínas. Así pues, H3K27me3 reduce la expresión de proteínas y el envejecimiento se asocia a una pérdida de estas marcas. Con esto en mente, Anne Brunet y sus colegas investigaron una desmetilasa H3K27me3, UTX-1, que eliminaría estas marcas y potenciaría el envejecimiento. Lo que descubrieron fue que la mutación o deleción del gen UTX-1, que desactiva la desmetilasa, provocaba un aumento de H3K27me3 y prolongaba la esperanza de vida.[61]

Del mismo modo, uno de los primeros ejemplos que muestran cómo la alteración de la histona metilasa puede afectar a la esperanza de vida es la mutación de COMPASS, como ya se comentó cuando se describió por primera vez la promoción de H3K4. En un animal primitivo llamado *C. elegans* (un nematodo, que es una criatura muy simple parecida a un gusano), la desactivación de COMPASS conduce a una mayor esperanza de vida (en algunas medidas hasta ¡el doble!). Curiosamente, si un animal con esta mutación se aparea con otro que tiene un gen COMPASS normal, la descendencia tiene un gen COMPASS funcional y otro no funcional, pero la descendencia (y su progenie durante al menos una generación más) sigue experimentando la supresión de COMPASS y una mayor esperanza de vida.[62]

Estos hallazgos sugieren: en primer lugar, que la supresión de la expresión de proteínas puede alargar la vida y, en segundo lugar, que al-

61. Travis J. Maures, Eric L. Greer, Anna G. Hauswirth, and Anne Brunet, «The H3K27 Demethylase UTX-1 Regulates C. Elegans Lifespan in a Germline-Independent, Insulin-Dependent Manner», *Aging Cell*, vol. 10, n.º 6 (2011): 980-990. https://doi.org/10.1111/j.1474-9726.2011.00738.x

62. Kathrine B. Dall and Nils J. Færgeman, «Metabolic Regulation of Lifespan from A. C. Elegans Perspective», *Genes & Nutrition*, vol. 14, n.º 1 (2019): 1-12. https://doi.org/10.1186/s12263-019-0650-x; Teresa Lee, *et al.*, «Repressive H3K-9me2 Protects Lifespan Against the Transgenerational Burden of COMPASS Activity in C. Elegans», *Elife*, n.º 8 (2019): E48498. https://doi.org/10.7554/eLife.48498

gunos cambios epigenéticos que alargan la vida pueden heredarse. Abordemos estos temas en el mismo orden.

RESTRICCIÓN CALÓRICA Y ESPERANZA DE VIDA

Desde hace tiempo se sabe que la restricción calórica puede prolongar la esperanza de vida. Uno de los supuestos mecanismos de este efecto de longevidad es la inhibición de la expresión de proteínas que se produce por la falta de nutrientes. Además, o más específicamente, las pruebas sugieren que el déficit de nutrientes conduce a la autofagia, que está en el corazón de los beneficios de la prolongación de la vida de la inanición cercana (o al menos el ayuno intermitente).[63] ¿Te preguntarás cómo funciona eso?

La autofagia es un proceso celular interno que implica la formación de una región encerrada en una membrana, el autofagosoma, que contiene contenidos sobrantes y/o innecesarios dentro de su volumen. La burbuja de material superfluo se fusiona entonces con un lisosoma (una burbuja similar llena de enzimas y otros materiales cáusticos) para desgarrar (es decir, lisar y reciclar el contenido del autofagosoma). La autofagia se observa sobre todo en períodos en los que el acceso a nutrientes externos es limitado, por lo que la célula necesita recurrir al reciclaje para acceder a las moléculas que necesita.[64] A nivel molecular,

63. Dae-Sung Hwangbo, Hye-Yeon Lee, Leen Suleiman Abozaid, Kyung-Jin Min, «Mechanisms of Lifespan Regulation by Calorie Restriction and Intermittent Fasting in Model Organisms», *Nutrients,* vol. 12, n.º 4 (2020): 1194. https://doi.org/10.3390/nu12041194; Diego Hernández-Saavedra, Laura Moody, Guanying Bianca Xu, Hong Chen, Yuan-Xiang Pan, «Epigenetic Regulation of Metabolism and Inflammation by Calorie Restriction», *Advances in Nutrition,* vol. 10, n.º 3 (2019): 520-536. doi: 10.1093/advances/nmy129. PMID: 30915465; PMCID: PMC6520046; Ki Wung Chung y Hae Young Chung, «The Effects of Calorie Restriction on Autophagy: Role on Aging Intervention», *Nutrients,* vol. 11, n.º 12 (2019): 2923. doi: 10.3390/nu11122923. PMID: 31810345; PMCID: PMC6950580.

64. Weiya Cao, Jinhong Li, Kepeng Yang, and Dongli Cao, «An Overview of Autophagy: Mechanism, Regulation, and Research Progress», *Bulletin du Cancer,* vol. 108, n.º 3 (2021): 304-322. doi: 10.1016/j.bulcan.2020.11.004. Epub 2021 Jan

la restricción calórica activa la autofagia mediante la supresión de mTOR (*mammalian target of rapamycin*, traducido al español como «diana de la rapamicina en mamíferos», un complejo proteico que regula múltiples vías, incluidas la proliferación y la apoptosis). En resumen, mTOR es un sensor de nutrientes, y cuando éstos no abundan (por ejemplo, por restricción calórica), el mTOR se desactiva y se activa la autofagia. Esto significa que la actividad de mTOR y la autofagia son modos opuestos de función celular.[65]

En 2019, Antonis Kirmizis y sus colegas publicaron un amplio documento de estudio que describe la interacción de la dieta, la modificación de las histonas y la longevidad, y, como el título de su documento (Modificaciones de las histonas como una intersección entre la dieta y la longevidad) lo indica, los efectos de la dieta en la longevidad parecen correlacionarse con los cambios en la metilación de las histonas. Estas vías, a su vez, están vinculadas a vías bioquímicas específicas estrechamente asociadas con la inflamación. Según sus propias palabras:

> Las modificaciones hormonales actúan como un intermediario entre la dieta y la longevidad. Las condiciones de restricción calórica (CR), alto contenido en grasas (HF), bajo contenido en proteínas (LP), mononutriente (SN) son percibidas por la célula a través de vías de señalización como TOR, Ras, AMPK o PI3K/AKT, promoviendo cambios en el epigenoma… [que] se han vinculado sistemáticamente a un efecto particular sobre la longevidad y se muestran en el núcleo de la célula respectiva.[66]

8. PMID: 33423775; Nerea Deleyto-Seldas and Alejo Efeyan, «The mTOR–Autophagy Axis and the Control of Metabolism», *Frontiers in Cell and Developmental Biology,* vol. 9 (2021): 655731. https://doi.org/10.3389/fcell.2021.655731

65. Kathrin Schmeisser y J. Alex Parker, «Pleiotropic Effects of mTOR and Autophagy during Development and Aging», *Frontiers in Cell and Developmental Biology,* vol. 7 (2019): 192. https://doi.org/10.3389/fcell.2019.00192; Ying Wang y Hongbing Zhang, «Regulation of Autophagy by mTOR Signaling Pathway», *Autophagy: Biology and Diseases: Basic Science* (2019): 67-83. doi: 10.1007/978-981-15-0602-4_3. PMID: 31776980.

66. Diego Molina-Serrano, Dimitris Kyriakou, Antonis Kirmizis, «Histone Modifications as an Intersection Between Diet and Longevity», *Frontiers in Genetics,* vol. 10 (2019): 192. https://doi.org/10.3389/fgene.2019.00192

Se ha estudiado la dinámica de la vía mTOR y, como era de esperar, es un excelente ejemplo de lo que López-Otín denominó desregulación de la detección de nutrientes en el envejecimiento. Es decir, con la edad se produce una pérdida gradual de los mecanismos que moderan la actividad de mTOR, que pasa a un estado permanentemente activo. De hecho, la secuenciación del ARN de centenarios, sus cónyuges y sus hijos ha revelado que los genes que codifican las proteínas que componen el autofagosoma (por ejemplo, los ATG) se expresan más fácilmente (lo que significa que la vía mTOR sigue siendo suprimida) en aquellos que alcanzan los 100 años de edad en comparación con sus contemporáneos que no lo hicieron.[67]

En consonancia con este hallazgo, otro gen conocido como RPTOR (proteína reguladora asociada al complejo mTOR) se suprimió en aquellos que consiguieron llegar al siglo.[68] La RPTOR se expresa y se activa para apoyar la actividad de mTOR mediante el aumento de los niveles de aminoácidos y a través de la actividad del receptor de insulina estimulada por la glucosa. La expresión reducida de RPTOR se asocia, por tanto, a un bajo nivel de nutrición.

Demos un paso atrás por un momento para orientarnos. ¿Cómo debemos procesar esta información de que las dietas casi de inanición y el ayuno intermitente son en realidad buenos para alargar nuestra esperanza de vida (y reducen los riesgos de cáncer, la probabilidad de enfermedades cardiovasculares, los trastornos neurodegenerativos y, obviamente, disminuyen las probabilidades de padecer enfermedades metabólicas relacionadas con la obesidad)? ¿Por qué ser lo suficientemente inteligente o lo suficientemente fuerte para conseguir más comida es en realidad algo malo para nuestro cuerpo?

Una perspectiva útil es darse cuenta de que la mayor parte de la vida en el planeta en realidad lucha por encontrar alimentos suficientes para

67. Patricia González-Rodríguez, Jens Füllgrabe, Bertrand Joseph, «The Hunger Strikes Back: An Epigenetic Memory for Autophagy», *Cell Death & Differentiation* (2023): 1-12. https://doi.org/10.1038/s41418-023-01159-4

68. Akshay Bareja, David E. Lee, and James P. White, «Maximizing Longevity and Healthspan: Multiple Approaches All Converging on Autophagy», *Frontiers in Cell and Developmental Biology*, vol. 7 (2019): 183. doi: 10.3389/fcell.2019.00183. PMID: 31555646; PMCID: PMC6742954.

sobrevivir. Muchos de los demás se atiborran durante breves períodos de abundancia (como los osos durante los períodos de desove del salmón) antes de un largo invierno de ayuno por hibernación. Así fue la vida de nuestros antepasados humanos durante milenios y, en realidad, hasta los últimos ochenta años. (Y como se explicó en el capítulo 3, el uso generalizado de la refrigeración, la química de los conservantes alimentarios, la producción de alimentos a escala poblacional y el transporte y la logística eficientes de los alimentos hicieron que la comida estuviera disponible hasta el punto de que el síndrome metabólico es ahora un problema a escala pandémica, y nuestros cuerpos no han evolucionado para manejar el problema de la sobrealimentación). Nuestros cuerpos, así como los de nuestros antepasados, a lo largo de cientos de millones de años, evolucionaron para funcionar de forma más eficiente en condiciones de escasez de alimentos. Nos vemos impulsados a comer, incluso a desear, alimentos con niveles excepcionalmente altos de nutrientes; incluso aquellos que parecen más fuertes y en forma viven, en realidad, crónicamente en un estado de sobrealimentación. Aunque la pérdida de peso en las personas mayores, especialmente la inesperada o involuntaria, puede ser preocupante, adelgazar antes de entrar en la tercera edad no sólo es bueno para el corazón y las articulaciones, sino que permite desactivar la vía mTOR y mantener activa la autofagia durante más tiempo.

Profundizando en la ciencia, la desactivación de mTOR que tiene lugar a través de la restricción calórica se produce a través de múltiples vías, que implican la modulación de la señalización de la insulina (IIS, asociada a la ingesta de alimentos), la producción de energía mitocondrial (AMPK), y la desacetilación y la activación de la autofagia por las proteínas sirtulina (SIRT).[69] Para ser más específicos sobre la AMPK, durante los períodos de escasez de nutrientes, los niveles de AMP y ADP (las baterías agotadas de las herramientas celulares) aumentan, ya que las mitocondrias tienen una capacidad reducida para regenerar

69. Sing-Hua Tsou, «Dietary Restriction and mTOR and IIS Inhibition: The Potential to Antiaging Drug Approach», *Anti-Aging Drug Discovery on the Basis of Hallmarks of Aging* (2022): 173-190. https://doi.org/10.1016/B978-0-323-90235-9.00003-3

ATP. Esto conduce a la activación de la proteína quinasa activada por AMP (AMPK), que es una enzima de detección de energía celular que detecta los niveles relativos de AMP/ADP a ATP que bloquea la actividad mTOR. De hecho, la AMPK promueve la proliferación de nuevas mitocondrias y aumenta la actividad de una proteína, la ULK1, que promueve la autofagia.[70]

Así pues, hemos analizado algunos de los mecanismos por los que la restricción calórica afecta a la longevidad, muchos de los cuales están relacionados con la eliminación de cantidades excesivas de desechos celulares (autofagia) o con la represión de la expresión de proteínas (marcado epigenético). Esto nos lleva a la segunda pregunta planteada anteriormente: ¿Son hereditarias estas marcas y, en caso afirmativo, tienen estos cambios epigenéticos efectos positivos o negativos en la esperanza de vida de la progenie?

EXPRESIÓN GÉNICA ALTERADA Y ESPERANZA DE VIDA

Los estudios en animales han demostrado que miles de genes presentan niveles de expresión alterados asociados a la restricción calórica. Muchos de estos cambios están asociados a más de una docena de funciones relacionadas con el metabolismo, desde el metabolismo de la glucosa (señalización de la insulina) hasta la función mitocondrial. Curiosamente, los cambios en los niveles de expresión proteica se correlacionan con la modulación de las DNMT (las metiltransferasas que metilan el ADN). Incluso la restricción calórica a corto plazo provoca alteraciones en la metilación del ADN de los genes del metabolismo y las citocinas inflamatorias (por ejemplo, TNF-α), retrasa el envejeci-

---

70. Ji Yong Kim, David Mondaca-Ruff, Sandeep Singh, Yu Wang, «SIRT1 and Autophagy: Implications in Endocrine Disorders», *Frontiers in Endocrinology*, vol. 13 (2022): 930919. doi: 10.3389/fendo.2022.930919. PMID: 35909524; PMCID: PMC9331929; Yoomi Chun y Joungmok Kim, «Ampk–mTOR Signaling and Cellular Adaptations in Hypoxia», *International Journal of Molecular Sciences*, vol. 22, n.º 18 (2021): 9765. https://doi.org/10.3390/ijms22189765

miento y reduce el riesgo de cáncer.[71] En algunos casos, esta modulación conduce a un mantenimiento de la metilación del ADN que, de otro modo, se perdería lentamente en los animales que envejecen. Por el contrario, la inhibición de las DNMT responsables de la metilación de las proteínas asociadas a la autofagia restablece una estimulación de la autofagia más juvenil.[72]

La inhibición de la traducción de proteínas por el ARN no codificante también desempeña un papel en la autofagia.[73] En concreto, las condiciones de escasez de nutrientes y energía se asocian a la modulación de los niveles de cientos de miARN que actúan sobre aspectos de la vía mTOR y la autofagia. Aunque estos estudios suelen llevarse a cabo en líneas celulares cultivadas, *in vitro*, la privación de oxígeno, glucosa y otros nutrientes activan miARN como miARN-211 que promueven la autofagia al dirigirse a mTOR, RPTOR y aspectos de la vía de la insulina.

Como era de esperar, existen miARN que actúan en el otro lado de la ecuación (es decir, inhiben la autofagia) dirigiéndose a las proteínas sirtulina, ULK1 y a una serie de proteínas autofagosómicas. Dos de estos miARNs son miARN-30A y miARN-34A.[74]

71. Chiara Vidoni, *et al.*, «Calorie Restriction for Cancer Prevention and Therapy: Mechanisms, Expectations, and Efficacy», *Journal of Cancer Prevention,* vol. 26, n.º 4 (2021): 224. doi: 10.15430/JCP.2021.26.4.224. PMID: 35047448; PMCID: PMC8749320.

72. Diego Hernández-Saavedra, *et al.*, «Epigenetic Regulation of Metabolism and Inflammation by Calorie Restriction», *Advances in Nutrition,* vol. 10, n.º 3 (2019): 520-536. doi: 10.1093/advances/nmy129. PMID: 30915465; PMCID: PMC6520046.

73. Yunus Akkoc, and Devrim Gozuacik, «MicroRNAs as Major Regulators of the Autophagy Pathway», *Biochimica et Biophysica Acta (BBA)-Molecular Cell Research,* vol. 1867, n.º 5 (2020): 118662. https://doi.org/10.1016/j.bbamcr.2020.118662

74. Chan Shan *et al.*, «The Emerging Roles of Autophagy-Related MicroRNAs in Cancer», *International Journal of Biological Sciences,* vol. 17, n.º 1 (2021): 134. doi: 10.7150/ijbs.50773. PMID: 33390839; PMCID: PMC7757044; Sounak Ghosh Roy, «Regulation of Autophagy by miRNAs in Human Diseases», *The Nucleus,* vol. 64, n.º 3 (2021): 317-329. https://doi.org/10.1007/s13237-021-00378-9

Los microARN se asocian a menudo con la estimulación del nervio vago (VNS), incluidos el miARN-155 y el miARN-210. Ambos ejercen una influencia bidireccional sobre la autofagia *in vitro*. El miARN-210, que supuestamente media los efectos positivos de la estimulación del nervio vago en la epilepsia, parece potenciar la autofagia en algunos casos, pero la inhibe en otros.[75] ¿Existe una función antiautofagia de estos miARN durante la inflamación grave, reorientando las células estresadas hacia otras actividades en lugar de la autofagia? Aún queda mucho por investigar para responder a preguntas importantes sobre la VNS, los ARNnc y la longevidad.

¿PODEMOS HEREDAR LA LONGEVIDAD?

Todo esto nos lleva a la pregunta final (compuesta) del capítulo, que es: ¿Pueden transmitirse los cambios epigenéticos relacionados con la longevidad y/o la autofagia a las generaciones posteriores y, en caso afirmativo, mediante qué mecanismo se produce esta herencia?

Las observaciones realizadas durante al menos los últimos 100 años sugieren que la respuesta a la primera parte debería ser afirmativa. En 1918, cuarenta y dos años después de inventar el teléfono, Alexander Graham Bell escribió un artículo en el que afirmaba que los hijos de madres jóvenes tienen una vida más larga que los hijos de madres mayores. Este efecto se conoce ahora, de forma un tanto injusta, como el

75. Bizhou Bie, *et al.*, «Vagus Nerve Stimulation Affects Inflammatory Response and Anti-Apoptosis Reactions via Regulating miR-210 in Epilepsy Rat Model», *Neuroreport,* vol. 32, n.º 9 (2021): 783-791. doi: 10.1097/WNR.0000000000001655. PMID: 33994524; Andrew Fesler, *et al.*, «Autophagy Regulated by miRNAs in Colorectal Cancer Progression and Resistance», *Cancer Translational Medicine,* vol. 3, n.º 3 (2017): 96. doi: 10.4103/ctm.ctm_64_16. Epub 2017 Jun 8. PMID: 28748218; PMCID: PMC5524452; T-X. Xu, S-Z. Zhao, M. Dong, and X-R. Yu, «Hypoxia Responsive miR-210 Promotes Cell Survival and Autophagy of Endometriotic Cells in Hypoxia», *European Review for Medical & Pharmacological Sciences,* vol. 20, n.º 3 (2016) PMID: 26914112; Cheng Wang, *et al.*, «miR-210 Facilitates ECM Degradation by Suppressing Autophagy via Silencing of ATG7 in Human Degenerated NP Cells», *Biomedicine & Pharmacotherapy,* vol. 93 (2017): 470-479. https://doi.org/10.1016/j.biopha.2017.06.048

efecto Lansing, en honor a Albert Lansing, que escribió sobre él en 1947, casi treinta años después del artículo original de Bell. Aunque algunos han puesto en tela de juicio esta afirmación fundamental, la mayoría de las investigaciones posteriores, en especies que van desde la mosca de la fruta hasta el ser humano, la han respaldado. Dada la combinación de cambios en el estado de metilación relacionados con la edad que se han observado en los óvulos de animales de más edad y el potencial de herencia de estas marcas, no es descabellado sugerir que la observación de Bell puede ser acertada y que la herencia epigenética conduce a cambios en la esperanza de vida (positivos o negativos).[76]

Como ya se ha dicho, estudios realizados en los Países Bajos han demostrado que la inanición de la madre durante el embarazo tiene consecuencias negativas para la salud mental del niño. Otras investigaciones han demostrado que la esperanza de vida de los nietos también se ve afectada negativamente. A diferencia de estos estudios, en los que las madres sufrían malnutrición durante el embarazo, Bygren y sus colegas llevaron a cabo en Suecia un estudio sobre los efectos de la inanición infantil en la salud de las generaciones posteriores, analizando la progenie de aquellos que sufrieron una cosecha fallida a mediados del siglo XIX.[77] Lo que su trabajo reveló fue que el hambre infantil afecta

---

76. Alexander Graham Bell, The Duration of Life and Conditions Associated with Longevity: A Study of the Hyde Genealogy, San Francisco: Genealogical Record Office, 1918; Albert I. Lansing, «A Transmissible, Cumulative, and Reversible Factor in Aging», *Journal of Gerontology*, vol. 2, n.º 3 (1947): 228-239. doi: 10.1093/geronj/2.3.228. PMID: 20265000; Charles E. King, «A Re-Examination of the Lansing Effect», *Biology of Rotifers* (1983): 135-139. https://doi.org/10.1007/BF00045959

77. Elmar W. Tobi, *et al.*, «DNA Methylation Signatures Link Prenatal Famine Exposure to Growth and Metabolism», *Nature Communications*, vol. 5, n.º 1 (2014): 5592. https://doi.org/10.1038/ncomms6592; Patricia González-Rodríguez, Jens Füllgrabe, Bertrand Joseph, «The Hunger Strikes Back: An Epigenetic Memory for Autophagy», *Cell Death & Differentiation* (2023): 1-12. https://doi.org/10.1038/s41418-023-01159-4; Lars Olov Bygren, Gunnar Kaati, Sören Edvinsson, «Longevity Determined by Paternal Ancestors' Nutrition during Their Slow Growth Period», *Acta Biotheoretica*, vol. 49 (2001): 53-59. https://doi.org/10.1023/A:1010241825519

positivamente a la salud y a la esperanza de vida y que estos efectos se extienden de forma multigeneracional, pudiendo depender del sexo.

Los datos de Bygren mostraron que la falta de alimentos entre los niños prepúberes prolongaba la vida de los nietos (un efecto transgeneracional). La falta de alimentos de los abuelos durante sus años de formación proporcionó a sus nietos una esperanza de vida media de seis años más que la de aquellos que no experimentaron períodos de inanición (se ha informado de que, si se corrigen los factores socioeconómicos, el aumento de la esperanza de vida fue en realidad de unos asombrosos treinta y dos años). Además de estos beneficios, se redujeron las complicaciones del síndrome metabólico (ECV y diabetes). Trabajos posteriores realizados en Suecia con poblaciones más amplias han confirmado estos beneficios con respecto al cáncer y a la mortalidad por todas las causas. Estos beneficios parecen estar sesgados por sexo, ya que la malnutrición infantil entre las mujeres condujo a una mayor incidencia de muerte por mortalidad por ECV y a ningún beneficio con respecto al cáncer.

La segunda parte de la pregunta formulada más arriba se refiere al mecanismo o los mecanismos implicados en la herencia de la longevidad y la autofagia. Mientras que la herencia de determinados sitios de metilación del ADN parece sobrevivir a los procesos de desmetilación que acompañan a la limpieza del genoma de la línea germinal tras la fecundación, como escribe Li-Fang Hu, «el impacto de la metilación del ADN en la autofagia puede ser específico de un tejido o célula», pero «el estudio de la regulación de la autofagia por la metilación del ADN está todavía en pañales».[78]

En comparación con la metilación del ADN, los conocimientos sobre cómo la modificación de las histonas regula la autofagia y cómo pueden heredarse estas modificaciones son modestamente mejores. Por ejemplo, una vía para la activación de la autofagia implica la acetilación de H4K16 por KAT8 (una histona acetiltransferasa, o HAT), que inicia la transcripción del gen de la autofagia, y aumenta con la expresión de la desacetilasa, SIRT1. La expresión de KAT8 puede heredarse por

---

78. Li-Fang Hu, «Epigenetic Regulation of Autophagy», *Autophagy: Biology and Diseases: Basic Science* (2019): 221-236.

vía materna y sus efectos sobre el aumento de la esperanza de vida a través de la acetilación de H4K16 parecen mantenerse a partir del material genético procedente del óvulo, a través de la fertilización en modelos de ratón.[79]

Sin embargo, quizá los que más influyen en la herencia de la longevidad, incluida la predisposición a la autofagia, son los microARN. Concretamente, se ha identificado que el miARN-71 (junto con el miARN-238 y el miARN-246) aumenta la longevidad, mientras que el miARN-34 y el miARN-239 parecen inhibirla.[80] Las mutaciones incapacitantes del miARN-34 prolongan la esperanza de vida a través de una vía que depende de la autofagia, y la pérdida de función del miARN-239 prolonga la esperanza de vida a través de una vía de señalización de la insulina/AMPK. En múltiples modelos animales se ha demostrado que estos ARN silenciadores de genes, incluidos los miARN inducidos por la inanición (y el aumento de la esperanza de vida asociado), se heredan a través de al menos tres generaciones. ¿Cómo ocurre esto?

Recordemos que los microARN se unen al ARN mensajero y entorpecen los procesos de fabricación de proteínas al inhibir el ribosoma y/o provocar la digestión de la plantilla de ARN mensajero. A diferencia de la metilación del ADN o de las histonas (u otras modificaciones de estas últimas), los miARN funcionan fuera del núcleo a partir del ADN que se replica y requieren un procesamiento posterior para restaurar las marcas epigenéticas. Tras los pasos iniciales de transcripción y modificación de la secuencia, la proteína argonauta acoplada al

79. Huan Wang, Autophagy: Activation, Function and Regulation by a Protein Restricted Diet during Pregnancy and Lactation, Chicago: University of Illinois at Urbana-Champaign, 2015; Lei Qiu, Xueqin Liu, Junhong Han, «Maternally Inherited H4K16 Acetylation Primes Zygotic Gene Activation in Drosophila», *Science China Life Sciences,* vol. 63 (2020): 1950-1952. https://doi.org/10.1007/s11427-020-1845-4; Agnieszka Gadecka y Anna Bielak-Zmijewska, «Slowing Down Ageing: The Role of Nutrients and Microbiota in Modulation of the Epigenome», *Nutrients,* vol. 11, n.º 6 (2019): 1251. doi: 10.3390/nu11061251. PMID: 31159371; PMCID: PMC6628342.

80. Wilfred Roo, «Micro-RNAs as Regulators of Senescence and Aging», Faculty of Science and Engineering, 2012. doi: 10.1016/j.bone.2020.115679. Epub 2020 Oct 3. PMID: 33022453; PMCID: PMC7901145.

miARN existe en el citosol, por lo que la mitad de los miARN pasan a la célula filial y la otra mitad permanece en la célula progenitora. Durante los períodos de mayor división celular, como el desarrollo de las células germinales, las células filiales disponen de mecanismos para garantizar que se rectifique cualquier déficit de proteínas en la célula que se produzca como resultado de la división celular. También existen mecanismos similares para el mantenimiento de los niveles de miARN, siempre que los genes implicados se hayan expresado en la línea germinal.[81] Los genes dirigidos a la nutrición se expresan en la línea germinal y han sido los identificados como diana de los miARN que se heredan y mantienen sus niveles a través de múltiples generaciones.

En conclusión, aunque no podemos controlar la edad a la que nuestras madres nos dieron a luz, la restricción calórica y el ayuno intermitente son medidas que podemos tomar para aumentar nuestra esperanza de vida. Junto con el momento que elijamos para tener a nuestros futuros hijos (o animar a nuestros propios hijos a procrear), la inducción dietética u otras medidas para desencadenar la autofagia pueden otorgar longevidad a nuestros descendientes.

81. Alexandre Champroux, *et al.*, «Preimplantation Embryos Amplify Sperm-Derived miRNA Levels to Mediate Transgenerational Epigenetic Inheritance», bioRxiv (2023): 2023-04. https://doi.org/10.1101/2023.04.21.537854

AGRADECIMIENTOS

Agradecer individualmente a todos los que me han ayudado a adquirir el conocimiento que comparto en este libro sería imposible y, sin embargo, no intentar hacerlo sería un pecado. Por lo tanto, perdonadme, por adelantado, por cualquier omisión.

En primer lugar, debo dar las gracias a mi amada esposa, Leigh Ann, por su apoyo incondicional a mi búsqueda de la verdad. Su voluntad de que la comparta con el mundo es la fuerza que hizo posible que esta obra se hiciera realidad. Te quiero a ti y a nuestros hijos, Samantha, Thomas, Charlotte y Nicolas, más que a nada. Gracias por ser mi compañera en la vida. Haremos del mundo un lugar más feliz, más sano y más inteligente para todos.

A continuación, me complace reconocer y dar las gracias a mi amigo y confidente intelectual, Bruce Simon, sin quien habría dado tumbos sin rumbo en la oscuridad durante décadas. Los años que pasé discutiendo contigo en nuestros despachos me ayudaron a formarme de muchas maneras positivas y, en el camino, iluminaron la senda hacia un mundo más sano para todos. Si estuviéramos atrapados en la Biblioteca de Babel durante casi toda la eternidad, no tendríamos tiempo suficiente para poner a prueba el potencial de tu intelecto, sondear las profundidades de tu curiosidad o agotar tu generosidad de espíritu.

Este libro no existiría, literalmente, si no fuera por el Dr. Navaz Habib, mi coanfitrión en el pódcast *The Health Upgrade*. Lo que en principio iba a ser una llamada de veinte minutos se ha convertido en una asociación que me abrió los ojos a muchas cosas y me dio la fe para creer en las conclusiones que mi mente llevaba años sacando. Eres un buen hombre y me alegro de haber colaborado contigo para hacer de éste un mundo mejor.

Sería negligente por mi parte no reconocer y dar las gracias a todos aquellos que a lo largo de los últimos veinte años discutieron conmigo e incluso cuestionaron mis creencias y conclusiones. Tanto si estábamos de acuerdo como en desacuerdo, me hicisteis cuestionar lo que creía cierto y me obligasteis a llegar a conclusiones más firmes, sin importar las vacas sagradas que hubiera que sacrificar por el camino. Algunos nombres para los libros de récords son el Dr. Kevin Tracey, el Dr. Peter Goadsby, el Dr. Zam Cader, el Dr. Cenk Ayata, el Dr. David Yoder, la Dra. Marie-Eve Tremblay, el Dr. Michael Oshinsky, el Dr. Josef Gorek, el Dr. Adam Farmer, el Dr. Owen Epstein, el Dr. Nicholas Silver y el Dr. Paul Durham.

Por último, a mis socios, el Dr. Peter Staats, el Dr. Thomas Errico y el Dr. Charles Theofilos: gracias por brindarme la oportunidad de aprender haciendo. En palabras de Winston Churchill: «Esto no es el final. Ni siquiera es el principio del fin. Pero es, quizá, el final del principio».

ACERCA DEL AUTOR

J. P. Errico es una persona de gran talento con una amplia experiencia como ejecutivo, empresario e inventor. Fundó varias empresas sanitarias públicas y privadas, en las que ha desempeñado diversas funciones, desde consejero delegado y miembro del consejo de administración hasta director científico y asesor clave. Más recientemente, J. P. ha sido miembro del consejo de administración de ElectroCore, una empresa que cotiza en el NASDAQ (ECOR) y que fundó en 2005. ElectroCore está especializada en tecnologías de neuromodulación, incluido un estimulador no invasivo del nervio vago que J. P. inventó en 2010.

J. P. es inventor de más de 250 patentes estadounidenses y ha fundado y vendido con éxito o sacado a bolsa numerosas empresas farmacéuticas y de dispositivos médicos, en colaboración con el Dr. Thomas J. Errico y otros. Entre estas empresas figuran Fastenetix, K2 Medical Systems, AD4-Pharma, E2 y SpineCor. Ha formado parte de los consejos de administración de Oculogica y Morphogenesis y actualmente asesora a Ondine Biomedical. Se licenció en Ingeniería Aeronáutica en el Instituto Tecnológico de Massachusetts y trabajó en los Laboratorios Lincoln del Laboratorio Nacional de las Fuerzas Aéreas. Además, es licenciado en Derecho y en Ingeniería Mecánica y de Materiales por la Universidad de Duke.

J. P. ha contribuido con varios capítulos de libros de texto médicos, entre ellos *Neuromodulation* 2.ª ed., y es co-presentador del pódcast *The Health Upgrade Podcast* con el Dr. Navaz Habib, autor de *Activar el nervio vago* (*Activate Your Vagus Nerve* y *Upgrade Your Vagus Nerve*). Es un invitado experto habitual en las Cumbres de la Salud, producidas por DrTalks, donde trata temas que van desde la salud mitocondrial y la inflamación hasta los trastornos neurodegenerativos y la salud metabólica. Además, ha desarrollado un programa innovador, *Overcoming Chronic Threat Response Mode* (*Superar el Modo de Respuesta Crónica a la Amenaza*), que está disponible a través de diversos canales, incluido su sitio web, JPErrico.com. En él también se pueden encontrar sus entradas de blog y otros escritos.

ÍNDICE